上海出版资金项目
Shanghai Publishing Funds

我们的昆虫朋友

——昆虫科普 100 问

胡名正　主编

王义炯　主审

上海科学普及出版社

图书在版编目（CIP）数据

我们的昆虫朋友：昆虫科普100问/胡名正主编．

—上海：上海科学普及出版社，2019.5

ISBN 978-7-5427-7296-1

Ⅰ．①我…　Ⅱ．①胡…　Ⅲ．①昆虫—青少年读物

Ⅳ．① Q96-49

中国版本图书馆 CIP 数据核字 (2018) 第 295543 号

责任编辑　吕　岷

我们的昆虫朋友

——昆虫科普100问

胡名正　主编

王义炯　主审

上海科学普及出版社出版发行

（上海中山北路 832 号　邮政编码　200070）

http ://www.pspsh.com

各地新华书店经销　　　　　苏州越洋印刷有限公司印刷

开本 787×1092　　1/16　　16.75 印张　　字数 230 000

2019 年 5 月第 1 版　　　　2019 年 5 月第 1 次印刷

ISBN 978-7-5427-7296-1　　　　　　定价：98.00 元

昆虫是自然界种类最多、数量最大、分布最广的一类生物，许多种类在人类未认识它们以前，就从地球上永远地消失了。与人类和其他动物一样，昆虫也是地球的主人。可以说，假如地球上没有昆虫，就没有繁荣的植物世界，就没有今天的人类。

昆虫与人类的关系十分密切。除了少数害虫如蝗虫、蚊、蝇等给农林业生产和人们的健康造成危害，许多有益昆虫被人类广泛利用。养蚕业和养蜂业等给人类带来了物质财富。蜂蝶传粉，有助提高作物的产量。捕食性、寄生性昆虫作为自然界害虫的天敌，对控制害虫、维护生态平衡等起着重要的作用。昆虫丰富的多样性，是整个生物多样性的重要组成部分。绚丽多彩的昆虫装点着自然界和人们的生活。

城市越变越大，花草树木越来越少，当代的青少年接触自然和生物越来越少，对自然越来越疏远。城市里的青少年很少见到金龟子、天牛、蚱蜢、螽斯等，难以说出这些昆虫的习性。

2015年6月发布的美国斯坦福大学、普林斯顿大学和加利福尼亚大学伯克利分校进行的研究表明，地球已进入第六次物种大灭绝时期，而人类将首当其冲。该研究报告的作者说，人类仍然可以通过加强生态环境保护来避免"生物多样性的急剧衰减"，但是必须要快速行动起来。

保护生物多样性就是保护人类。

由中国科普作家协会资深科普作家花费五年多时间编撰的《我们的昆虫朋友——昆虫科普100问》是上海市重点图书，并获上海出版资金资助，是一本适合青少年和成人阅读的高质量的科普图书。

本书科学性严谨，涉及内容较广，如昆虫在动物界的位置，昆虫的种类和分布、身体特征、生长发育及繁殖、习性，昆虫与人类的关系，昆虫的寄生，昆虫的拟态和保护色等，还穿插了奇妙的昆虫故事和思考题。本书科学性严谨，内容广泛，取材精到，含100多个昆虫科普问题，解说生动有趣、深入浅出。

本书也是一本非常有价值的昆虫科普图册，书中400多幅栩栩如生的昆虫照片，都是昆虫学家们走遍世界各地、花费极大的心血才拍摄到的，每幅照片均附有详细的文字说明，读者欣赏照片，阅读文字，就好像亲临昆虫博物馆，激发起深入探索的求知欲。

让我们一起进入奇妙的昆虫世界吧！

本书由胡名正主编，王义炯主审，参加编写工作的作者有忻静芬、吴坚、林勇、忻子斌、沈文倩等。

胡名正，编审，中国科普作家协会会员，上海科普作家协会理事，上海编辑学会理事，被评为"上海市优秀科普编辑"。原任上海科学普及出版社总编辑和《科学生活》杂志主编。科普作品有《猿猴王国》《科学昆虫馆》《高铁不神秘——高铁科普120问》等。翻译作品有《Intel 80486微处理器手册》、《Pentium微处理器手册》。编辑的《个人电脑新知》获全国优秀科普作品二等奖。策划的国家重点图书《拥抱群星——与青少年一同走近天文学》获2018年全国优秀科普作品奖、"向全国青少年推荐百种优秀出版物"荣誉。策划的《中老年人学电脑》《五笔字型速成自学教程》等多种图书获"全国优秀畅销书"荣誉。

王义炯，编审，中国科普作家协会会员，毕业于复旦大学人体及动物生理专业。先后担任上海科学技术出版社《科学画报》编辑室副主任、上海自然博物馆《自然与人》杂志主编和上海科技教育出版社总编辑助理、策划部主任等。编辑的科普图书《自然的启示》1983年获全国优秀科普图书一等奖，1997年获国家科技进步奖。撰写的科普图书《人体面面观》1997年获台湾第二届"小太阳奖"。

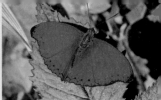

目录
Contents

昆虫概述

昆虫在自然界起什么作用？
昆虫与人类有什么关系？

昆虫是自然界种类最多、数量最大、分布最广的一类生物。昆虫在自然生态中起重要作用，它们帮助细菌和其他生物分解有机质，有助于生成土壤。昆虫和花一起进化，因为许多花靠昆虫传粉。虫媒花（也称虫媒授粉植物）需要得到昆虫的帮助，才能传播花粉而传延后代。一些昆虫在维持某些动植物之间的平衡中起着重要的作用。

昆虫的食性异常广泛。昆虫中有48.2%是植食性的，以植物为食物；有28%是捕食性的，捕食其他昆虫和小型动物；有2.4%是寄生的，寄生在其他昆虫和动物的体外或体内；还有17.3%以腐败的生物有机体或动物排泄物为食物。

一方面，昆虫对人类的重要性是无法估量的。

1. 一些昆虫自身的产物，如蜂蜜、蚕丝、白蜡等是人类的食品及工业的原料；在亚洲和南美洲，有一些昆虫是当地人的食品，例如，白蜡虫、蝗虫、蝉、蜂蛹和幼虫、蚕蛹等。

▼ 蜜蜂给玫瑰授花粉。蜜蜂在采花粉时同时对花授粉

2. 昆虫又是2/3有花植物的花粉传播者，例如，蜜蜂、蝴蝶、蛾等。没有昆虫，就没有植物世界。农业上，利用昆虫授粉来提高产量，改良种质，提高农作物后代生活力和复壮品种。

3. 昆虫是生物防治农林业害虫的重要组成部分，在维护生态平衡中起重要作用，例如，瓢虫、草蛉、赤眼蜂等益虫。

4. 一些昆虫能分解大量的废物，把它们送回土壤完成物质循环，腐食性昆虫以生物尸体为食，其活动加速微生物对生物

▲ 白蜡虫，白蜡（也称虫白蜡）是由雄性白蜡虫幼虫分泌出的动物蜡

残骸的分解，在自然界的能量循环中起着重要作用，例如，苍蝇、水虻、粪金龟、葬甲等。

5.昆虫还可作为动物饲料，其营养价值完全可以与鱼粉等饲料添加剂媲美，尤其可作珍贵动物的活体动物性饲料，例如，黄粉虫、凤凰虫、大麦虫、蝗虫、蛆、蚕蛹、地鳖虫、洋虫、白蚁等。

6.药用昆虫是中医药宝库中的重要组成部分，据记载，有药用价值的昆虫约有300余种，例如，冬虫夏草、地鳖虫、九香虫、斑蝥、蝙蝠蛾、蚕（成虫、幼虫、蛹、香沙）、蜜蜂（幼虫、蛹、蜂房）、蚂蚁等。

7.昆虫在科学研究中用作教学和科研材料、仿生学研究、环境保护、构成生态

▼ 黑水虻，取食禽畜粪便和生活垃圾，生产高营养价值的动物蛋白饲料，被广泛应用于处理鸡粪、猪粪及餐厨垃圾等废弃物

▲　冬虫夏草是昆虫与真菌的结合体。虫是虫草蝙蝠蛾的幼虫，菌是虫草真菌，夏天，虫草真菌的子囊孢子进入虫草蝙蝠蛾幼虫体内，吸收其营养，萌发菌丝。受真菌感染的幼虫，蠕动到距地表2~3厘米处，头上尾下而死，这就是"冬虫"；死去的幼虫体内的真菌日渐生长，直至充满整个虫体，来年春末夏初，虫子的头部长出一根紫红色的小草，高约2~5厘米，顶端有菠萝状的囊壳，这就是"夏草"

系统食物链、作为生物工程重要基因库等，例如，以果蝇为材料发展遗传学，就是因为果蝇的唾腺是巨型细胞，染色体的变异和行为较易观察；昆虫生理学的发展采用热带吸血椿象作试验材料；杀虫剂的生物性测定，许多生理、生化试验都是以昆虫作为材料的。

另一方面，昆虫是人类生存的主要竞争者。

1. 它们大量地毁掉人类的粮食及农产品（收获前与收获后），世界上每年至少有20%～30%的农产品被一些昆虫吃掉，例如，粘虫、蝗虫、稻螟虫、玉米螟、地老虎、棉蚜虫、小麦吸浆虫、蚜虫、叶蝉、飞虱、介壳虫等。

2. 一些昆虫破坏房屋建筑、堤坝、桥梁、枕木等，例如白蚁。

3. 一些昆虫是疾病的传播者，会传播多种人畜疾病，造成人畜死亡。一些昆虫能够借由毒液或是叮咬，对人类造成伤害，例如胡蜂在有人入侵其地盘时会用螫针蜇人，注入毒液。跳蚤是鼠疫重要的传播者；虱子会传播回归热；蚊子会传播疟疾、流行性乙型脑炎、丝虫病；苍蝇会传播肠道炎、痢疾、伤寒、霍乱等。

▶ 埃塞俄比亚蝗虫。蝗虫俗称"蚂蚱"，食物范围广，取食小麦、水稻、谷子、玉米、豆类、烟草、芦苇、蔬菜、果树、林木及杂草的叶子、嫩茎、花蕾和嫩果等

▼ 胡蜂，雌蜂腹部末端有能伸缩的螫针，可排出毒液，故仅雌蜂蜇人

什么是生物分类法？

昆虫在动物界处于什么位置？也就是说，昆虫在生物中分在哪一类？要回答这个问题，必须先知道什么是生物分类法。

地球上的生物经过漫长年代的发展进化，从简单的一团分子、一个细胞逐渐发展进化成多细胞生物，再演变成现在地球上种类繁多的生物。那么多、那么复杂的生物种类是怎样归类整理的呢？鉴定这些生物的物种，并将它们分门别类地进行系统的整理，这就是生物分类法的任务。根据现有分类学的记载，地球上生活着的生物约有200万种。

复杂的生物是由简单的生物始祖逐步进化而来的。我们应该按照进化的过程和物种间的亲缘关系进行分类，这样才是科学的方法。这种反映物种在进化上的亲缘关系的分类称为自然分类。例如我们人类应该归类到哺乳动物类，或者说人类与黑猩猩，应该归类到比较近的或相同的种、属中。

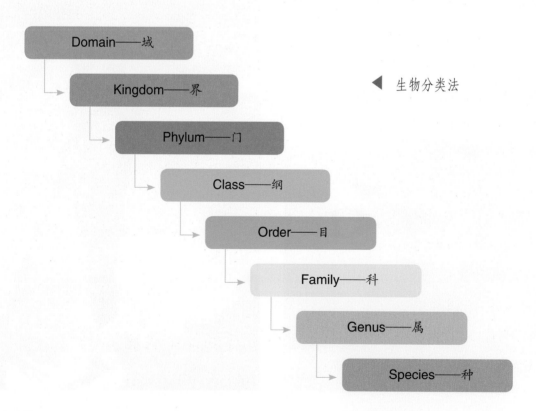

◀ 生物分类法

现在普遍采用的生物分类法又称科学分类法，是生物学用"域、界、门、纲、目、科、属、种"这8个级别来对生物的物种进行归类的办法。科学家为了分类更细致，在8个正常级别的"域、界、门、纲、目、科、属、种"之外加了很多附属级别。在正常级别之下，最常用的是"亚 -"（sub-），如"亚纲""亚科"等；在级别"亚 -"（sub-）之下是"下 -"（Infra-），如"下纲""下目"等。在正常级别之上，则为"总 -"（super-），如"总纲""总目"等。

比较完整的种之上的分类单元的次序为：

域（总界）—界—门—亚门—总纲—纲—亚纲—下纲—总目—目—亚目—下目—总科—科—亚科—族—亚族—属—亚属—组—亚组—系—亚系—种

首先我们把某种生物归类到界。较通行的分界法主要分为5个界：原核生物界、原生生物界、真菌生物界、植物界、动物界。

这5个界归属于2个域（也称为"总界")：原核生物域（总界）、真核生物域（总界）。除了原核生物，其他生物都由真核细胞构成。

如果是动物（如青蛙、狼）就归类到动物界。如果是植物（如豌豆、松树）就归类到植物界。如果是真菌（如酵母菌、木耳、蘑菇）就归类到真菌生物界。如果是原核生物（如细菌、蓝藻等由原核细胞构成的、进化等级最低的生物）就归类到原核生物界。

原生生物界是比较庞杂的界，主要由单细胞生物构成。有些生物如草履虫、变形虫等应该归属于动物；有些生物如衣藻、团藻等应该归属于植物。所有生物都是进化的产物，彼此之间都有亲缘关系，有一些生物同时具有多界生物的特征，说明生物在进化的低级阶段还没有分清彼此的界限。因此把这些保存了低级特征的生物合并为原生生物界。

从上面的分界可以看出，原核生物是生物的起源；原生生物是生物的低等进化阶段；植物通过光合作用制造了地球上最原始的也是最重要的生物食物来源，养育了地球上几乎所有的生物；动物界是吞噬营养的，自身不能生产营养，只能从外界摄取；真菌界则是地球的清洁工，靠分解有机体的遗体、腐食获得营养。

在5个界的基础上，可以再把生物归类到更小的分类：每个界可以分为很多门，每个门可以分为很多纲，每个纲可以分为很多目，每个目可以分为很多科，每个科可以分为很多属，每个属可以分为很多种。

下面以果蝇和人为例来说明生物的分类（见下表）：

中文	英文	拉丁文 （单数，复数）	果蝇 （中文，拉丁文）	人 （中文，拉丁文）
域（总界）	domain； superkingdom		真核域 Eukarya	真核域 Eukarya
界	kingdom	regnum, regna	动物界 Animalia	动物界 Animalia
门	division； phylum	divisio, divisiones； phylum, phyla	节肢动物门 Arthropoda	脊索动物门 Chordata
亚门	subdivision； subphylum	subdivisio, subdivisiones； subphylum, subphyla	六足亚门 Hexapoda	脊椎动物亚门 Vertebrata
纲	class	classis, classes	昆虫纲 Insecta	哺乳纲 Mammalia
亚纲	subclass	subclassis, subclasses	新翅亚纲 Neoptera	兽亚纲 Eutheria
目	order	ordo, ordines	双翅目 Diptera	灵长目 Primates
亚目	suborder	subordo, subordines	短角亚目 Brachycera	简鼻亚目 Haplorrhini
科	family	familia, familiae	果蝇科 Drosophilidae	人科 Hominidae
亚科	subfamily	subfamilia, subfamiliae	果蝇亚科 Drosophilinae	人亚科 Homininae
属	genus	genus, genera	果蝇属 *Drosophila*	人属 *Homo*
种	species	species, species	黑腹果蝇 *D. melanogaster*	智人 *H. sapiens*

▼ 黑腹果蝇，雌蝇体长 2.5 毫米，雄蝇比雌蝇小

▲ 人

昆虫在生物中分在哪一类？

昆虫在生物分类学上属于昆虫纲，是世界上最繁盛的动物，已发现的超过100万种。其中单是鞘翅目中所含的种数就比其他所有动物界中的种数还多。

昆虫纲（Insecta，Hexapoda）是节肢动物门（Arthropoda）下的一个纲。昆虫具有节肢动物门下的动物所共有的特征，同时具有与节肢动物门下其他纲的动物不同的特征。

节肢动物门的主要特征是：

（1）身体分节；

（2）整个体躯包覆含甲壳素（又称几丁质）的外骨骼；

（3）有些体节上有成对的分节附肢（例如足），"节肢动物"的名称由此而来；

（4）体腔就是血腔，体液在其中流动。

界：动物界 Animalia

门：节肢动物门 Arthropoda

亚门：六足亚门 Hexapoda

纲：昆虫纲 Insecta

▼ 鞘翅目中的一种叶甲，以瓜类、蔬菜为食

▲ 节肢动物门的生物

附肢、体节、体腔、特化

附肢 节肢动物的一个共同特点是体躯具有分节的附肢。昆虫在胚胎发育时几乎各体节均有一对可以发育成附肢的管状外长物或突起，到胚后发育阶段，一部分体节的附肢已经消失，另一部分体节的附肢特化为不同功能的器官，如头部附肢特化为触角和取食器官，胸部的附肢特化为足，腹部的一部分附肢特化成外生殖器和尾须。

体节 是某些动物（如昆虫、蚯蚓、蜈蚣等）的躯体中相连接而又能伸缩的环状结构。

体腔 是动物身体内各内脏器官周围的空隙。

特化 是由一般到特殊的生物进化方式，指物种适应于某一独特的生活环境、形成局部器官过于发达的一种特异适应，是分化式进化的特殊情况。

昆虫的主要特征是什么？

昆虫在动物界中属于节肢动物门中的昆虫纲，主要特征如下：

（1）身体没有内骨骼的支持，外裹一层由甲壳素构成的壳。这层壳有分节，以利于运动，就像古代士兵的盔甲。身体的环节分别集合组成头、胸、腹三个体段。

（2）头部是感觉和取食中心，具有口器（嘴）和1对触角，通常还有复眼和单眼。

（3）胸部是运动中心，有3对足，一般还有2对翅。

（4）腹部是生殖与代谢中心，其中包含着生殖器和大部分内脏。

（5）生长发育过程要经过一系列内部和外部形态的变化，才能转变为成虫。这种体态的改变称为变态。

昆虫的基本特征可以概括为："体躯三段头、胸、腹，两对翅膀六只足，一对触角头上生，骨骼包在体外部，一生形态多变化，遍布全球家族旺。"

▲ 双翅目的舞虻　　　　　　　　　　▲ 鞘翅目的象鼻虫

▲ 直翅目的蝼蛄　　　　　　　　　　▲ 膜翅目的德国黄胡蜂

▲ 鳞翅目的天蚕蛾   ▲ 半翅目的猎蝽

蜘蛛、蝎子、蜈蚣、马陆、虾和蟹是昆虫吗?

　　蜘蛛、蝎子、蟹的身体分为头胸部和腹部两段,还长着8条腿;蜈蚣、马陆、虾几乎每一环节(体节)上都有1～2对足。它们没有昆虫的分类特征,不属于昆虫纲。但是它们都属于节肢动物门,分属于节肢动物门不同的纲,如:蜘蛛、蝎子属于蛛形纲;马陆属于多足纲;虾、蟹属于甲壳纲。所以说,蜘蛛、蝎子、蜈蚣、马陆、虾和蟹都不是昆虫。

▼ 蜘蛛有8只足,多以昆虫、其他蜘蛛、多足类为食

▲ 泰国的亚洲雨林黑蝎，体长约10厘米，喜吃小蟋蟀、蜘蛛、中小型昆虫，甚至会吃一些动物或大型昆虫的尸体

▲ 蜈蚣，身体由许多体节组成，每一节上均长有步足

▲ 丛林千足虫——马陆，是世界上脚最多的生物，能喷出有刺激性气味的液体以防御敌害

昆虫的始祖是什么样的生物，它们生活在哪里？

昆虫是从距今 3.6 亿年前的古生代的泥盆纪开始出现的，比鸟类还要早出现近 2 亿年，是地球的老住户了。科学家们将地壳中保存下来的化石与现存于大自然中的相似活体（活化石）进行对照比较，提供了可信而有依据的昆虫起源推断。

昆虫最早的祖先是在水中生活的，它的样子像蠕虫，也似蚯蚓，身体分为好多可活动的环节，前端环节上生有刚毛，运动时不断地向周围触摸着，起着感觉作用。在头和第一环节间的下方，有着像是用来取食的小孔。这种身躯构造简单的蠕虫形状的动物，便被认为是环形动物、钩足动物和节肢动物的共同祖先，是昆虫的始祖。

随着时间的推移，昆虫的祖先的肢体功能逐渐演化，并登上陆地。为了适应陆地生活，它们的身体构造发生了巨大的变化，由原来的较多环形体节及附肢，演变成为具有头、胸、腹三大段的体态。这个演化过程大约经历了 2 亿至 3 亿年，而且至今还在缓慢而不停地继续演变下去。

从距今 3.6 亿年前的古生代的泥盆纪开始出现昆虫。早期的昆虫从小长到大都

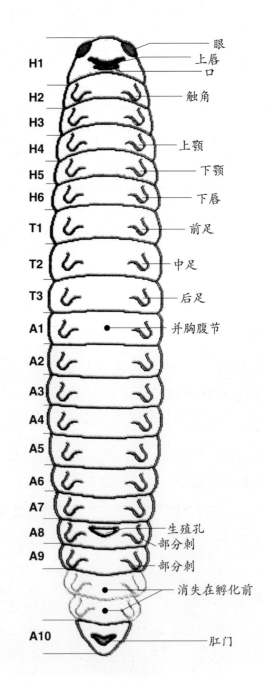

眼
上唇
口
触角
上颚
下颚
下唇
前足
中足
后足
并胸腹节
生殖孔
部分刺
部分刺
消失在孵化前
肛门

H1 H2 H3 H4 H5 H6 T1 T2 T3 A1 A2 A3 A4 A5 A6 A7 A8 A9 A10

▲ 昆虫的蠕虫形状的祖先

▼ 内口纲下双尾目动物

是一个模样，所不同的只是身体的节数在变化，性发育由不成熟到成熟。那时它们在体躯上没有明显的可用来飞翔的翅，原来的多条腹足也没有完全退化。后来有些种类的腹足演化成用来跳跃的器官；有些种类如昆虫纲的近亲内口纲还保持着原来的体态，如曾经列入昆虫纲现今被列为内口纲中的弹尾目、原尾目及双尾目动物。随着时间的流逝，大约在泥盆纪末期，有些昆虫才由无翅演化到有翅。

在以后亿万年的漫长历史变迁中，有些种类的昆虫，由于不能适应冰川、洪水、干旱以及地壳移动等外界环境的剧烈变化，就在演变过程中被大自然所淘汰；也有些种类的昆虫，逐渐适应了环境，这就是延续到现在的昆虫。例如蜻蜓、蟑螂，它们的模样就与数万年前的化石标本没有区别。

距今 2.9 亿年前的石炭纪是昆虫演变

▲ 蜻蜓化石

最快的时期。这段时间内，许多不同形状的昆虫相继出现，但大多数种类属于渐进变态的不完全变态类型。在以后的世代中，又有些种类昆虫从幼虫期发育到成虫，从身体形状到发育过程都有了明显的变化，成为一生中要经过卵、幼虫、蛹、成虫四个不同发育阶段的完全变态类型。

为什么昆虫在石炭纪加速演化？这与当时的自然环境有着极为密切的关系。在多种复杂的关系中，昆虫与植物的关系最为密切，因为当时大多数种类的昆虫主要以植物为食。

石炭纪时期，大自然里的森林已是树木繁茂、郁郁葱葱，而且为植物提供水分的沼泽、湖泊星罗棋布，这就为植食性的昆虫提供了生存和加速繁衍的良机。但是，这优越的生存环境并不十分平静，植食性的昆虫与植食性的大动物之间，以及以昆虫为食的其他动物之间，展开了一场生与死的激烈竞争，即使是昆虫之间也不例外。

▼　石炭纪的巨型蜻蜓

在这场求生的殊死搏斗中，并非体大、性猛的种类获胜，反而是许多体形小、食量少、繁殖力强，尤其是以植物为食的昆虫，获得了飞速发展的良机。

昆虫在地球上的生存与发展，并非一帆风顺，经历过几次大的起伏。其中比较突出的一次大的毁灭性灾难，发生在距今 2.3 亿年至 1.9 亿年前的中生代。那时地球上的气候发生了突如其来的变化，生机勃勃的陆地由于干旱而变成不毛之地，森林绿洲只局限于湖泊岸边和沿海地区的小范围内，这就使植食性昆虫失去了赖以生存的食源。在此阶段的突变中，原来生活于水域中的部分爬行动物，由于水域的缩小而改变着水中的生活习性及身体结构，演变成了会飞的动物，而且由植食性转变成以捕食昆虫为主的始祖鸟，这就使在森林、绿地间飞翔的部分有翅昆虫，失去了生存的领空。始祖鸟是至今发现的最早并且是最原始的鸟类，它生活在侏罗纪，又名古翼鸟。但是也有适应性极强的昆虫种类仍然借助于自身的种种优势，顽强地延续着自己的种群。

特别值得一提的是，在此期间（大约在 1.3 亿年至 0.65 亿年前的白垩纪）地球上的近代植物群落的形成，特别是显花植物种类的增加，各种依靠花蜜生活的昆虫种类（如鳞翅目昆虫）以及捕食性昆虫（如螳螂目等昆虫）与日俱增；随着哺乳动物及鸟类家族的兴旺，靠营体外寄生生活的虱毛目、蚤目等昆虫也随之而生，这样便逐渐形成了种类繁多的昆虫世界。

▶ 白垩纪巨型蟑螂化石

世界上有多少种昆虫？
昆虫纲包括哪一些目？

昆虫纲是节肢动物门中最大的纲，也是动物界中最大的纲。已发现的昆虫超过100万种。因为分类学家们还在不断地发现新种，所以要想知道昆虫的精确种类数是很困难的。昆虫纲中最大的目是鞘翅目，种类已超过25万种，而其中的象甲总科竟多达6万种。

昆虫不但种类多，而且同种的个体数量也十分惊人。一个蚂蚁群体可多达50万个个体。曾有人估计，整个蚂蚁的数量可能会超过全部其他昆虫的总数。发生小麦吸浆虫灾害的年份，一亩地有小麦吸浆虫2592万个之多。一棵树可拥有10万个蚜虫个体。

昆虫的分类如右表，标†者为已灭绝的目。

▼ 小麦吸浆虫幼虫潜伏在颖壳内吸食正在灌浆的麦粒汁液，造成秕粒、空壳

无翅亚纲 （Apterygota）	石蛃目（Archaeognatha） 单尾目（Monura）† 原尾目（Protura）	缨尾目（Thysanura） 双尾目（Diplura） 弹尾目（Collembola）
有翅亚纲 （Pterygota）	古翅下纲 （Palaeoptera） （并系）	蜉蝣目（Ephemeroptera） 古网翅目（Palaeodictyoptera）† 巨古翅目（Megasecoptera）† 古蜻蜓目（Archodonata）† 透翅目（Diaphanopterodea）† 原蜻蜓目（Protodonata）† 蜻蜓目（Odonata）
	新翅下纲 （Neoptera）外翅总目 （Exopterygota）	华脉目（Caloneurodea）† 巨翅目（Titanoptera）† 原直翅目（Protorthoptera）† 蛩蠊目（Grylloblattaria） 螳䗛目（Mantophasmatodea） 襀翅目（Plecoptera） 纺足目（Embioptera） 缺翅目（Zoraptera） 革翅目（Dermaptera） 直翅目（Orthoptera） 䗛目（或竹节虫目）（Phasmatodea） 蜚蠊目（Blattodea） 等翅目（Isoptera） 螳螂目（Mantodea） 啮虫目（Psocoptera） 缨翅目（Thysanoptera） 虱毛目（Phthiraptera） 半翅目（Hemiptera）
	内翅总目 （Endopterygota）	膜翅目（Hymenoptera） 鞘翅目（Coleoptera） 捻翅目（Strepsiptera） 蛇蛉目（Raphidioptera） 脉翅目（Neuroptera） 长翅目（Mecoptera） 蚤目（Siphonaptera） 双翅目（Diptera） 原双翅目（Protodiptera）†
	类脉总目 （Amphiesmenoptera）	毛翅目（Trichoptera） 鳞翅目（Lepidoptera） 分类地位未定 舌鞘目（Glosselytrodea）† 小翅目（Miomoptera）†

◀ 玫瑰花蕾上的蚜虫用针状刺吸口器吸食植株的汁液

　　昆虫的分布面之广，没有其他纲的动物可以与之相比，几乎遍及整个地球。从赤道到两极，从海洋、河流到沙漠，高至"世界屋脊"——青藏高原，下至几米深的土壤里，都有昆虫的存在。这样广泛的分布，说明昆虫有惊人的适应能力，也是昆虫种类繁多的生态基础。

思考题

1. 请说明昆虫纲的生物分类。
2. 请说明昆虫的主要特征。
3. 蜘蛛是昆虫吗？
4. 昆虫的始祖是什么样的生物？生活在哪里？
5. 昆虫的种数大约有多少？
6. 昆虫纲包括哪一些目？

昆虫的
身体结构

昆虫的身体结构是怎样的，有哪几个组成部分？

我们以短角蚱蜢雌虫为例，来观察昆虫的身体结构。

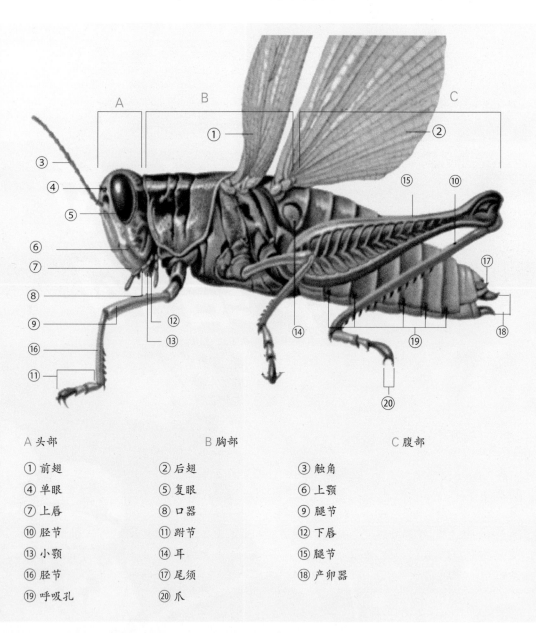

A 头部	B 胸部	C 腹部
① 前翅	② 后翅	③ 触角
④ 单眼	⑤ 复眼	⑥ 上颚
⑦ 上唇	⑧ 口器	⑨ 腿节
⑩ 胫节	⑪ 跗节	⑫ 下唇
⑬ 小颚	⑭ 耳	⑮ 腿节
⑯ 胫节	⑰ 尾须	⑱ 产卵器
⑲ 呼吸孔	⑳ 爪	

▲ 短角蚱蜢雌虫的身体结构

我们再来观察昆虫的解剖图，可以了解昆虫全身的各组成部分。

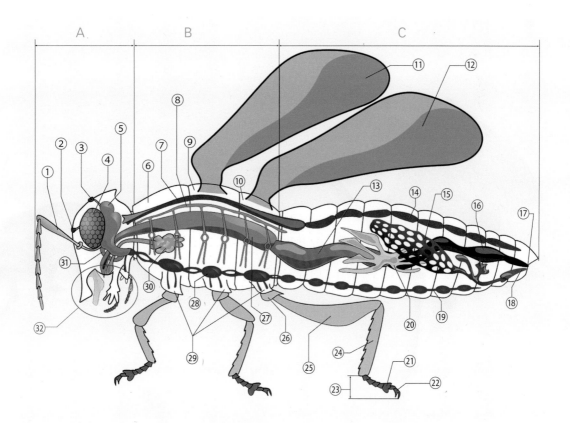

A 头部

① 触角　　　② 单眼（前）
⑥ 前胸　　　⑦ 背动脉
⑪ 前翅　　　⑫ 后翅
⑯ 后部内脏（肠、直肠和肛门）
⑳ 马氏管　　㉑ 爪垫
㉕ 腿节　　　㉖ 转节
㉙ 基节　　　㉚ 唾液腺

B 胸部

③ 单眼（上）　④ 复眼
⑧ 气管　　　　⑨ 中胸
⑬ 中部内脏（胃）　⑭ 心脏
⑰ 肛门　　　　⑱ 阴道
㉒ 爪　　　　　㉓ 跗节
㉗ 前部内脏（嗉囊）
㉛ 咽下神经节　㉜ 口器

C 腹部

⑤ 脑部（脑神经节）
⑩ 后胸
⑮ 卵巢
⑲ 腹神经索
㉔ 胫节
㉘ 胸部神经节

▲　昆虫解剖图

昆虫头部有哪些器官？

昆虫头部有各种感觉器官，如触角、复眼、单眼、口器等。

触角除了有触觉外，有时还会传递气味信息。在某些雄性蚊子中，触角甚至有听觉，借助触角，它们才能听见同类雌性蚊子飞行震动时的声音，以利于交配。

▼ 昆虫的触角

昆虫的眼大多是复眼。复眼由上千只单眼组成。每只小眼会独立成像，总体合成一幅网格样的全像。很多昆虫除复眼外还会有 2～3 只单眼，单眼的作用并非成像，而是通过光调节自身作息生物节律。

头部还有口器。上颚是有力的嚼咬工具。下颚主要是稳住和进一步细嚼食物。但口器也可以有其他形态，如异翅亚目的椿象有一个薄薄的尖型嘴（刺吸式口器），而蜂则有一个长而软的吸管（嚼吸式口器）。蜻蜓的幼虫——水虿具有脸盖（mask）。水虿具有特异形状的下唇，称为脸盖，形颇大，覆盖着口器的其他部分，因此得名。

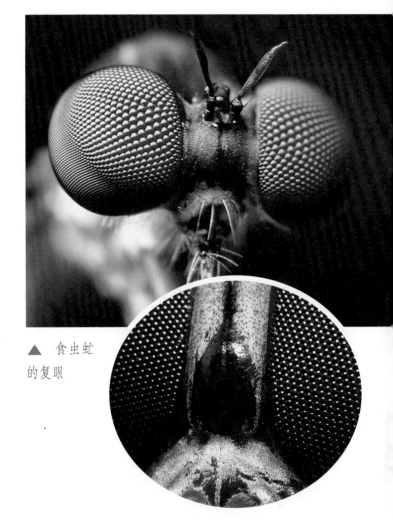

▲ 食虫虻的复眼

▲ 食虫虻的单眼（图中央偏左的棕色物），两色的网状构造则是复眼

▶ 蚜虫用刺吸式口器吸食植物汁液

昆虫触角的功能是什么？
昆虫触角形态有哪些？

昆虫的头部有两根像"天线"一样的须,叫做触角。不同的昆虫的触角的形状都不一样。触角是昆虫重要的感觉器官,主要起嗅觉和触觉作用,有的还有听觉作用,可以帮助昆虫进行通信联络、寻觅异性、寻找食物和选择产卵场所等活动。触角也常作为识别昆虫种类、性别的重要特征。

通常昆虫总是在上下左右不停地摆动触角,好像两根天线或雷达时刻在发射和接受电波,以及追踪目标。因为触角上有许多感觉器和嗅觉器,与触角窝内的许多感觉神经末梢相连,又直接与中枢神经连网,非常灵敏,既能感触物体、感觉气流,又能嗅到各种气味,甚至是远距离目标散发出来的气味。当受到外界刺激后,中枢神经便可支配昆

▼ 火蚁的触角,触角上有纤细的感觉毛

▼ 菜粉蝶，农作物害虫，幼虫又称菜青虫

虫进行各种活动。例如，二化螟用触角嗅到水稻的气味，寻找到它的食物水稻；菜粉蝶用触角嗅到芥子油气味，很快发现它的食物——十字花科植物；月亮蛾能用触角从 11 千米以外的地方察觉到配偶的性外激素；有些姬蜂的触角可凭借害虫躯体散发的微弱红外线，准确无误地搜寻到躲在作物或树木茎杆中的寄主。

对于某些昆虫，触角还有其他作用。例如，水生的仰蝽在仰泳时，将触角展开，有平衡身体的作用；水龟虫用触角帮助呼吸；芫菁的雄虫在交配时用触角来抱握雌虫的身体；云斑鳃金龟的雄虫用触角发声，像蟋蟀一样，用于招引雌虫。

由于昆虫种类、性别不同，它们触角的长短、粗细和形状也各不相同，例如蝗虫的触角很短；螽斯的触角很长，呈线状；蝴蝶的触角细长而末端膨大；蛾的触角很

▲ 大云斑鳃金龟，喜食杨、柳、榆、苹果、梨、桑、杏等的叶片，触角鳃状，因此得名

▲ 天牛，会危害树木，幼虫在树干内活动、蛀食

短，呈羽状；雄蚊触角长有许多刚毛，呈毛丛状，雌蚊则刚毛很少；天牛的触角比它的身体还长；金龟子的触角则很短小，呈棒状；新几内亚天牛的触角最长，长达20厘米。只有原尾目昆虫没有触角，双翅目、膜翅目幼虫的触角大多退化。

所有的触角都生长在昆虫头部额区膜质的触角窝中，有的位于复眼之前或之后，有的位于复眼之间，分为柄节、梗节和鞭节。

柄节是触角基部的第一节，可以自由活动，触角的活动主要由柄节来决定。柄节较短较粗，用来支撑梗节和鞭节的活动。

梗节是触角的第二节，一般比较细小。

鞭节是触角第二节后的各节，常由一至数十节组成，例如蚜茧蜂触角的鞭节有40节。鞭节是触角中行使感觉作用的主要部分，主要是嗅觉作用，相当于哺乳动物的鼻子；其次是触觉作用，由其上的感觉毛感触振动。小蜂的雄虫的鞭节十分发达、长大，用于接收由雌虫传来的雌性激素，用于发现配偶。很多昆虫的雄虫能感知几千米外的雌虫存在。

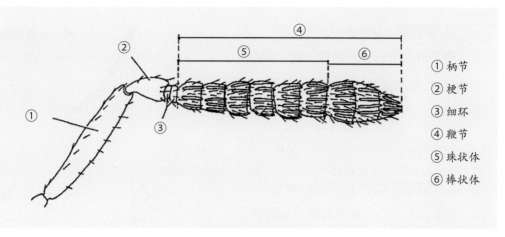

① 柄节
② 梗节
③ 细环
④ 鞭节
⑤ 珠状体
⑥ 棒状体

▲ 昆虫触角的构造

昆虫触角大致有以下的种类：

1. 刚毛状（Stylate）触角

很短，基部 1~2 节较粗大，鞭节纤细似鬃毛，如蝉、飞虱和蜻蜓等。

◀ 刚毛状触角

2. 丝状（Filiform）触角

除基部两节稍粗大外，鞭节由许多大小相似的小节相连成细丝状，向端部逐渐变细，如蝗虫、蟋蟀等。

◀ 丝状触角

3. 念珠状（Moniliform）

鞭节各小节近似圆珠形，大小相似，如串珠状，如白蚁。

◀ 念珠状触角

4. 锯齿状（Serrate）

鞭节各小节近似三角形，向一侧呈齿状突出，形如锯条，如锯天牛、叩头虫、芫菁等。

◀ 锯齿状触角

5. 栉齿状（梳状）（Pectinate）

鞭节各小节向一侧或两侧呈细枝状突出，形似梳子，如绿豆象雄虫、一些甲虫、蛾类雌虫。

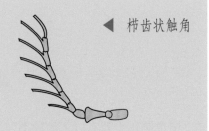

◀ 栉齿状触角

6. 双栉齿状（羽毛状）（Plumose）

鞭节各小节向两侧作细枝状突出，形似鸟羽，如毒蛾、樟蚕蛾和许多蛾类雄虫。

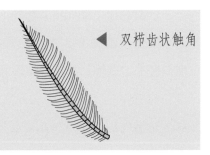

◀ 双栉齿状触角

7. 膝状（Geniculate）

柄节特长，梗节细小，鞭节各小节大小相似，并与柄节呈成膝状曲折相接，如蚂蚁、蜜蜂。

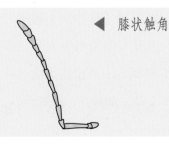

◀ 膝状触角

8. 具芒状（Aristate）

很短，鞭节仅1节，但异常膨大，其上生有刚毛状触角芒，芒上有时还有很多细毛，如蝇类。

◀ 具芒状触角

9. 环毛状（Annular）

鞭节各小节都具一圈细毛，愈接近
基部的细毛愈长，如雄蚊。

◀ 环毛状触角

10. 棍棒状（球杆状）（Clavate）

基部各节细长如杆，端部数节逐渐
膨大，整个形状似一根棒球杆，如蝶类。

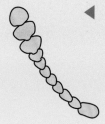

◀ 棍棒状触角

11. 锤状（Capitate）

基部各节细长如杆，端部数节突然
膨大似锤，如露尾虫、郭公虫、皮囊。

◀ 锤状触角

12. 鳃片状（Lamellate）

端部数节向一侧扩展成薄片状，相
叠在一起形似鱼鳃，如金龟甲。

◀ 鳃片状触角

什么是昆虫的单眼和复眼？

　　昆虫的单眼由视觉细胞、角膜和圆锥形晶体组成，只能感觉光的强弱，看不见物体。昆虫的单眼可分为背单眼和侧单眼两种。背单眼长在成虫和若虫的头前，多为 3 个，排成三角形，有的只有 2 个；侧单眼仅是幼虫才有，长在头部两侧，一般每侧各有 1 ~ 6 个，有的可多达 7 个。如蚕的幼虫共有 12 个单眼。

▼　蜜蜂的单眼长在头顶，呈三角形分布

复眼是昆虫的主要视觉器官，通常在昆虫的头部占有突出的位置。多数昆虫的复眼呈圆形、卵圆形或肾形。复眼由许多小眼组成。每个小眼都有角膜、晶椎、色素细胞、视网膜细胞、视杆等结构，是一个独立的感光单位。家蝇的复眼约由 4000 个小眼组成，蝶、蛾类的复眼约有 28000 个小眼。

蜻蜓的视觉非常灵敏，它能看到 6 米以内的东西。其头部的大部分都被一对大大的复眼占据，每个复眼是由 30000 ～ 100000 个小眼组成的。整个复眼为球形，其弧形的表面可观察到各个方向，加上蜻蜓的大脑袋能自如转动，使蜻蜓的视野非常开阔。蜻蜓的复眼除了能感受到物象外，还能测速，当物体在复眼前移动时，每一小眼依次产生视觉，经过信息加工，就能根据连续出现在小眼中的影像和时间，确定目标物体的运动速度。

▼ 蜻蜓的复眼

昆虫的口器起什么作用，
有哪几种类型？

　　昆虫的口器由头部后面的3对附肢和一部分头部结构联合组成，主要有摄食、感觉等功能。昆虫的口器包括上唇1个，大颚1对，小颚1对，舌、下唇各1个。上唇是口前页，其内有突起，叫上舌。舌是上唇之后、下唇之前的一个狭长突起，唾液腺一般开口于舌后壁的基部。大颚、小颚、下唇属于头部后的3对附肢。

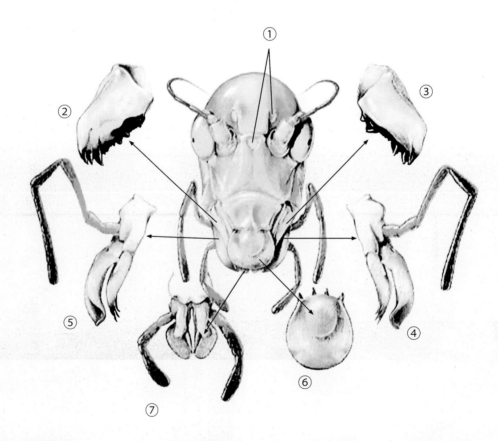

① 单眼　　　　　　　② 右上颚　　　　　　③ 左上颚
④ 右小颚和下颚须　　⑤ 左小颚和下颚须　　⑥ 唇
⑦ 上唇和唇须

▲　蝗虫的口器

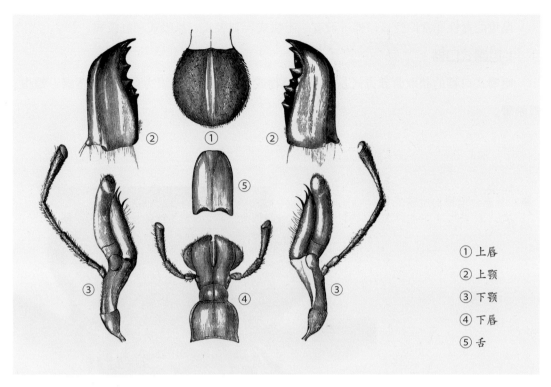

① 上唇
② 上颚
③ 下颚
④ 下唇
⑤ 舌

▲ 蝗虫口器的构造

▲ 牛头犬蚁的上颚

昆虫的食性非常广泛，口器一般有：咀嚼式、刺吸式、舐吸式和虹吸式。

1. 咀嚼式口器

咀嚼式口器的获取营养方式是以咀嚼植物或动物的固体组织为食，如：蜚蠊、蝗虫、豆娘等。

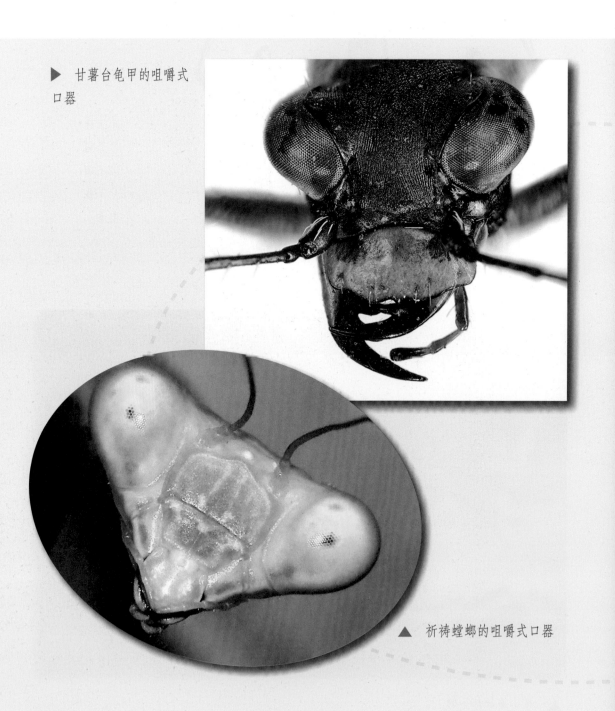

▶ 甘薯台龟甲的咀嚼式口器

▲ 祈祷螳螂的咀嚼式口器

2. 刺吸式口器

刺吸式口器形成针管形,用来吸食植物或动物体内的液汁。这种口器不能食固体食物,只能刺入组织中吸取汁液,如:蚊、虱、椿象等。

► 雌马蝇的
刺吸式口器

◄ 蚊的刺吸式口器

3. 舐吸式口器

舐吸式口器的主要部分为头部和以下唇为主构成的吻，吻端是下唇形成的伪气管组成的唇瓣，用以收集物体表面的液汁；下唇包住了上唇和舌，上唇和舌构成食物道；舌中还有唾液管，如：蝇、蜜蜂等。

▼ 黑带食蚜蝇的舐吸式口器

▶ 苍蝇的舐吸式口器

4. 虹吸式口器

虹吸式口器呈吸管状，是以小颚的外叶左右合抱成长管状的食物道，盘卷在头部前下方，如钟表的发条一样，用时伸长，如：蛾、蝶等。

▶ 澳大利亚彩绘美女蝴蝶正在用虹吸式口器吸食花蜜

▲ 马岛长喙天蛾的虹吸式口器

昆虫的胸部的构造是怎样的?

　　昆虫的胸部是运动的中心,由3个体节组成,由前向后依次称为前胸、中胸和后胸。昆虫具有3对胸足,每个体节都带有一对胸足。胸足分成几节,分别为基节(coxa)、转节(trochanter)、腿节(femur)、胫节(tibia)、跗节(tarsus)和前跗节(pretarsus)。跗节通常分为5个跗分节,有时还带有成对的爪子。第一胸节的背部被称为前胸背板,通常会特别加固。另外的两个胸节的背面通常会各带有一对翅。

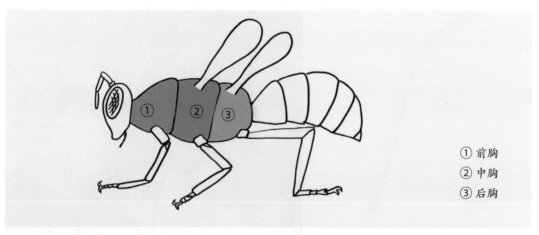

① 前胸
② 中胸
③ 后胸

▲　昆虫的前胸、中胸和后胸

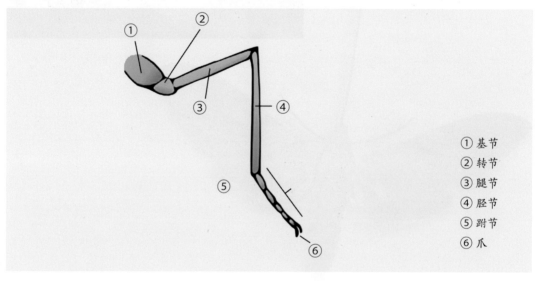

① 基节
② 转节
③ 腿节
④ 胫节
⑤ 跗节
⑥ 爪

▲　昆虫腿的构造

翅膀中有分支复杂的血管系统,称作翅脉。翅脉的走向和分布可作为分辨昆虫种类的特征之一。前翅比后翅窄而有力,有时会加固,如鞘翅目,其前翅就特化为较坚硬的构造,称为翅鞘。在双翅目昆虫中,只有一对翅膀发育正常,而后面另一对翅膀则成为平衡棒。许多无翅昆虫在进化的过程中失去了翅,而成为寄生虫,如跳蚤和虱。但是在蝗虫里面也会找到许多没有飞行能力的种类。

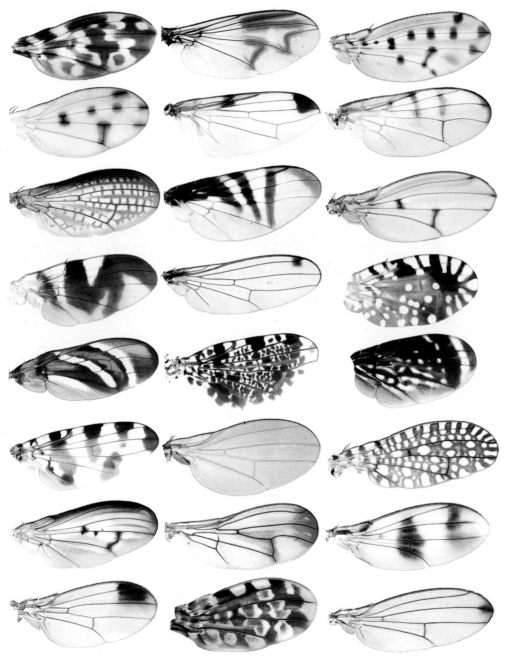

▲　昆虫的翅膀

▼　蜻蜓的翅脉

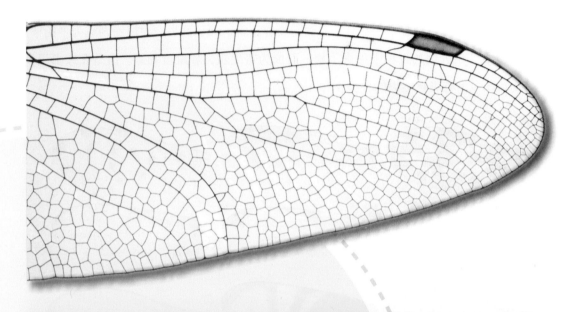

▲　鳃金龟的翅鞘和后翅

什么是平衡棒？

　　平衡棒是昆虫后翅退化而成的细小的棒状物，在飞行时有定位和调节的作用。只有蚊、蝇等双翅目昆虫有平衡棒。捻翅目昆虫雄虫的前翅退化成细小的棒状物，称"假平衡棒"，以与双翅目昆虫的平衡棒相区别。

　　平衡棒的振动频率与前翅的振动频率一样，但方向相反。苍蝇在水平飞行的时候，平衡棒起稳定和平衡的作用。如果航向偏离了，平衡棒的振动平面的变化就被平衡棒基部的感受器感觉到，这个偏离的信号由神经传到脑部。苍蝇脑部分析了这个偏离的信号以后，就向相应部位的肌肉组织发出"命令"，立即纠正偏离的航向。

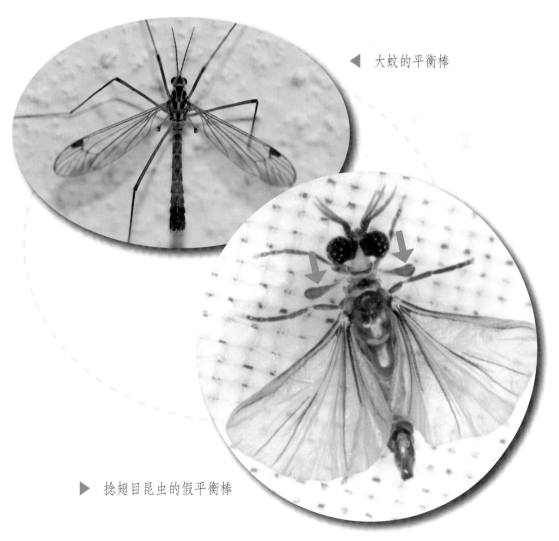

◀ 大蚊的平衡棒

▶ 捻翅目昆虫的假平衡棒

昆虫的腹部的构造是怎样的?

昆虫的腹部有重要的器官,如心脏、神经系统、胃肠系统和生殖器官。昆虫的体侧壁具有气孔,直接与外界大气接触,可通过肌肉的收缩而关闭。在腹部躯体中还藏着分支的气管,会直接把氧气送到身体的各个器官去。昆虫这一套呼吸系统非常有效。气孔的可关闭性使得昆虫具有暂时停止呼吸的能力,许多昆虫关闭气孔、屏住呼吸是为了避免吸入过量的氧气。腹部是生殖中心,其中包含着生殖系统和大部分内脏,无行动用的附肢,但多数昆虫具有转化成外生殖器的附肢。

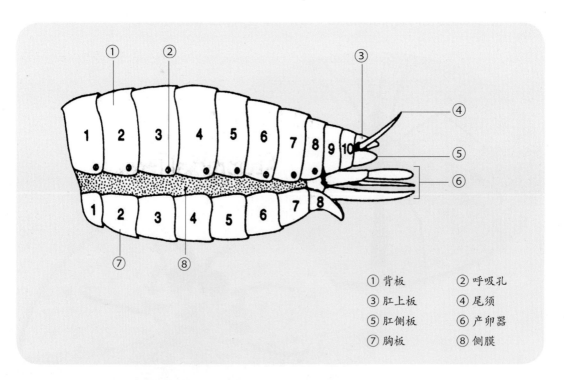

① 背板　　　　② 呼吸孔
③ 肛上板　　　④ 尾须
⑤ 肛侧板　　　⑥ 产卵器
⑦ 胸板　　　　⑧ 侧膜

▲　昆虫的腹部结构

思考题

1. 昆虫的身体可以分为哪几个部分?

2. 昆虫触角的功能是什么?

3. 昆虫的单眼和复眼的功能是什么?

4. 昆虫的口器有哪几种类型?

昆虫的生长、发育及变态

昆虫是怎样生长和发育的，
什么是不变态发育、不完全
变态发育和完全变态发育？

　　昆虫生长受到坚硬的外壳的限制，要突破这个生长限制，只能通过蜕皮。蜕皮就是昆虫将旧的外壳蜕去，取而代之的是新的更大的外壳。昆虫的一生大概蜕皮 5 ~ 15 次，不同种类的昆虫蜕皮次数可能会不同。有许多昆虫，如蝗虫，会吃掉蜕去的旧外壳。

　　有些昆虫的幼虫和成虫从外部形态比较，只是幼虫体型较小而成虫体型较大，这些昆虫的生长和发育称为不变态发育，例如衣鱼。但是衣鱼成虫生殖器官发育成熟，具有生殖能力，和幼虫不同，这是从外部形态无法观察到的改变。

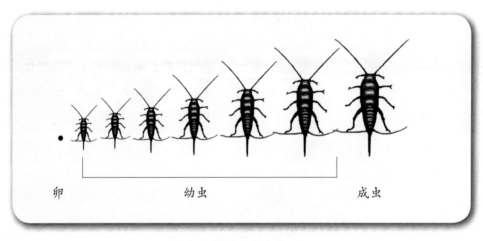

卵　　　　　　　　幼虫　　　　　　　　成虫

▲ 衣鱼的不变态发育

　　另一些昆虫的成虫的外部形态与幼虫相差极大，从幼虫生长发育到成虫的形态变化被称为变态发育。

　　如果幼虫直接发育成为成虫，称为不完全变态发育，指成虫和幼虫的形态和生活习性相似，形态无太大差别，只是幼虫身体较小，生殖器官未发育成熟，翅未发育完全（称为翅芽）。不完全变态昆虫的发育过程经过受精卵、幼虫（若虫或稚虫）、成虫三个阶段，如蝗虫、蚱蜢、椿象、蜻蜓、螅（俗称豆娘）、蟋蟀、蝼蛄、蝉等。如果成虫与幼虫生长的环境不一样，那么成虫与幼虫之间的形态差异会非常显著，如蜻蜓和蜉蝣。相反，如果成虫与幼虫生活的环境相似，则成虫与幼虫的形态差别就没那么明显，如蝗科和臭虫科的昆虫。

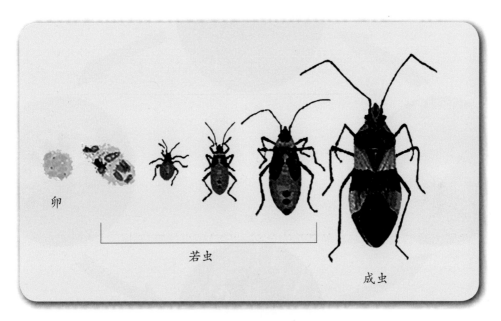

▲　椿象的不完全变态发育

相对于昆虫的不完全变态发育，若在幼虫、成虫这两种活动状态之间还存在着一个静止状态——蛹的话，会被称为完全变态发育。完全变态发育的过程要经历受精卵、幼虫、蛹、成虫四个时期，幼虫的形态结构和生理功能与成虫的显著不同，如瓢虫、蚊、蝇、菜粉蝶、蜜蜂、苍蝇、家蚕等。在这种发育中，昆虫会经过一个吐丝结茧、在茧内化蛹的过程。也有昆虫的发育类型是介乎于这两者之间的，如蓟马的最后一个幼虫阶段即是静止状态。

昆虫的幼虫阶段，其实就是不断进食的阶段，而成虫的主要任务就是生育繁殖，很多时候甚至不再进食。因此幼虫期通常会长于成虫期。最好的例子是蜉蝣，它们的幼虫期长达几年，而成虫期只有一天。金龟子的幼虫期为 3 年，成虫活不到几天。

许多昆虫的生命周期少于一年，但它们拥有一套体内调节机制，使得其成虫在每年的同一个季节出现。这对它们来说非常重要，因为有些昆虫的幼虫需要依赖某种特定植物，通过这种调节机制使得它们可以在每年同一时候找到适合自己生长的地方。例如蜜蜂，它们需要专门收集某种花的花粉和花蜜，以提供其后代幼虫发育所需的营养。对于它们来说，采蜜期与花期同步就显得十分必要。

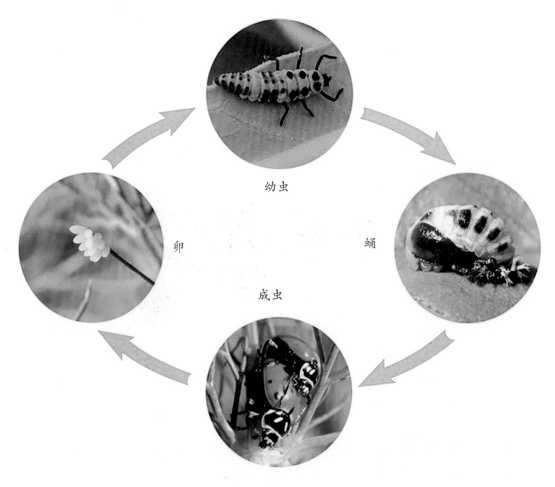

幼虫

卵　　　　　　　　　　　　　蛹

成虫

▲　瓢虫的完全变态发育：瓢虫的生命周期

一些昆虫在不同的发育阶段会有静止期，它们在静止期会经历一系列的生理构造变化。许多蜜蜂和野蜂在蛹期前9个月就会以饱食状态静闭在造好的茧中，而且可以就这样过上几年，才化成蛹蜕变为成虫。许多昆虫可以在一年之间交替几代。家蝇在地球上非常成功地生存，甚至可以在一年之间交替15代。相反，一些蝗虫和蜻蜓种类，则需要5年的发育期。

什么是渐变态、半变态和原变态?

　　不完全变态昆虫通常进一步分为渐变态和半变态以及原变态三类。渐变态昆虫的若虫和成虫生活在相同的环境（水、空气或土壤等）中，例如直翅目的蝗虫和蟋蟀，以及一些半翅目的昆虫。半变态及原变态昆虫的稚虫和成虫生活的环境不同，如蜻蜓的稚虫水虿生活在水中，而成虫蜻蜓则生活在空中；蝉的稚虫生活在土壤中而成虫则生活在树上。

　　渐变态属于不完全变态的一种，其特点是幼体与成虫在体形、习性及栖息环境等方面都很相似，但幼体的翅发育还不完全，称为翅芽（一般在第 2 ～ 3 龄期出现），生殖器官也未发育成熟，故称为若虫 (nymph)。所以转变成成虫后，除了翅和性器官的完全成长外，成虫在形态上与幼期没有其他的重要差别。

　　半变态属于不完全变态的一种，是昆虫发育的一种类型。此类型的昆虫发育包括三个阶段：卵、稚虫（naiad）和成虫。三个阶段之间是逐

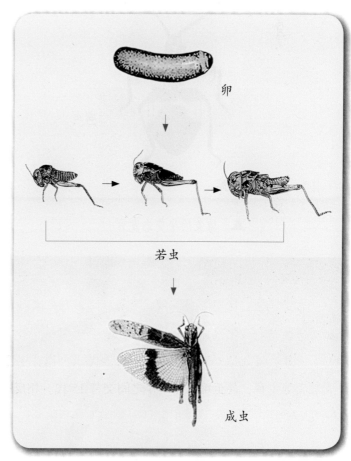

卵

若虫

成虫

▲ 蝗虫是渐变态发育的昆虫

渐变化的，没有蛹这个阶段。稚虫通常与成虫外表相似，但其生态异于成虫，也有复眼、展开的腿以及突出于体外、可以被观察到的翅。

　　原变态属于不完全变态的一种，是有翅亚纲中最原始的变态类型，仅见于蜉蝣目昆虫。

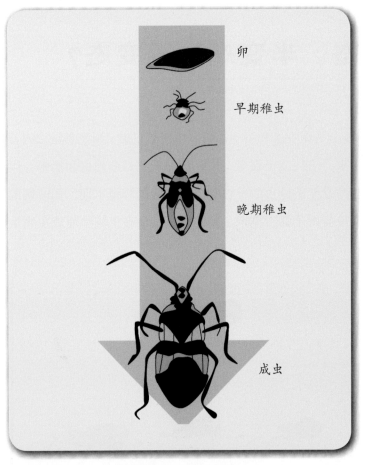

其变态特点是从幼虫期（稚虫）转变为真正的成虫期要经过1个亚成虫期。亚成虫在外形上与成虫相似，性已发育成熟，翅已展开，也能飞翔，但体色较浅，足较短，多呈静止状态。亚成虫期较短，一般仅1小时至数小时，即再行一次蜕皮变为成虫。

▲ 椿象的半变态发育

▼ 草叶上的雄蜉蝣

▼ 蜉蝣幼虫

▼ 雌性蜉蝣亚成虫

什么是若虫和稚虫？

　　不完全变态昆虫的幼虫被称为若虫（nymph）。因此若虫不是某一种昆虫，而是一类昆虫发育至某一段时期的称谓，就是营陆生生活的不完全变态昆虫的幼体。

▶ 盾椿象的若虫

▼ 盾椿象偏喜吸食果实

▲ 轮背猎蝽

▶ 轮背猎蝽的若虫

稚虫（naiad）是某些昆虫的未成熟阶段，如蜻蜓、蜉蝣和襀翅目昆虫等的幼体。稚虫是不完全变态昆虫中的半变态昆虫和原变态昆虫的幼体。稚虫水栖，以鳃呼吸；发育为成虫后陆生，以气管呼吸；稚虫与成虫两者的形态、习性完全不同。

▼ 蜻蜓

▶ 蜻蜓的稚虫叫做水虿

思考题

1. 举例说明昆虫的不完全变态和完全变态。

2. 昆虫的不完全变态有哪几种类型？

昆虫的寄生

什么是寄生蜂？外寄生方式和内寄生方式有什么区别？

寄生蜂是从植食性蜂类进化而来的肉食性蜂类。寄生蜂的种类很多，常见的有小蜂、姬蜂、茧蜂、赤眼蜂、姬小蜂等。寄生蜂把卵产在寄主（昆虫或蜘蛛）的身上，有外寄生和内寄生两种寄生方式。

寄生蜂在生物学中属于拟寄生物而不是寄生虫。两者的区别是，拟寄生物最后一定会杀死寄主，属于捕食行为，而寄生虫可以与寄主共生。

外寄生蜂是把卵产在寄主身体表面，让孵化的幼虫从寄主身体表面取食寄主身体。外寄生蜂在产卵前会先用产卵管蜇刺寄主，注射有毒物质麻痹寄主，使寄主无法动弹，否则卵会被寄主压坏，甚至被寄主咬死。外寄生蜂选择的寄主一般是完全变态发育的，有造茧习性，能用茧子隐蔽身体，因为寄主被外寄生蜂麻醉后，行动变得迟钝，容易受到天敌攻击或其他外来伤害，体表的寄生蜂幼虫也将会与寄主同归于尽。外寄生蜂的卵比较大，含有胚胎发育所需要的养分，而且卵壳厚能够自我保护。

▼ 柄卵姬蜂

请看外寄生方式的一个例子，柄卵姬蜂的卵上有一个柄，起着固定卵的作用。如果一个卵产在蝴蝶幼虫身体上，卵的柄会深深地插入幼虫体内，再也掉不下来，即使幼虫蜕皮，也无法把卵脱掉，直到柄卵姬蜂的幼虫从卵中孵化出来为止，而这只蝴蝶幼虫也就成为柄卵姬蜂幼虫的食物。

内寄生蜂把卵产在寄主体内，让孵化的幼虫取食寄主体内的组织。内寄生蜂有卵寄生、幼虫寄生、蛹寄生和成虫寄生四种方式。

◀ 一种小蜂
小蜂多数是害虫的天敌，少数是益虫的天敌，还有一些以植物为食

▶ 一种赤眼蜂
赤眼蜂成虫产卵于寄主卵内，幼虫取食寄主卵液，发育成熟后化蛹，并引起寄主死亡，成虫羽化后咬破寄主卵壳外出自由生活

◀ 一种姬小蜂
姬小蜂部分种类寄生于双翅目、鳞翅目幼虫，另外一些种类如刺桐姬小蜂、瘿姬小蜂等是农林害虫

▼　一种茧蜂

雌茧蜂在寄主的幼虫或卵里产卵；幼虫在化蛹前寄生于宿主；化蛹可在寄主体内或体表，或离开寄主而在叶或茎上化蛹

▼　一种姬蜂

姬蜂幼虫期在寄主体内外取食，成虫期营自由生活，可飞翔或爬行寻找寄主

什么是卵寄生方式？
寄生蜂怎样寄生在寄主的卵里？

卵寄生蜂类把卵产在寄主的卵里，寄生蜂卵孵化时间比寄主卵早2~3天。寄生蜂幼虫孵化后取食寄主卵液，发育成熟后化蛹，并引起寄主死亡，成虫羽化后咬破寄主卵壳外出自由生活。卵寄生蜂有赤眼蜂、螳螂小蜂、跳小蜂等。

例如，甘蓝夜蛾赤眼蜂把卵产在寄主甘蓝夜蛾、菜粉蝶的卵里。寄主在产卵时会释放一种信息素，赤眼蜂能通过这些信息素很快找到寄主的卵，它们在寄主卵的表面爬行，并不停地敲击卵壳，快速准确地找出最新鲜的寄主卵，然后在那里产卵、繁殖。赤眼蜂由卵到幼虫，由幼虫变成蛹，由蛹羽化成成虫，甚至连交配怀孕都是在卵壳里完成的。一旦成熟，它们就破壳而出，然后再寻找寄主的卵繁衍后代。

▼　甘蓝夜蛾赤眼蜂把卵产在寄主菜粉蝶的卵里

嗜蛛姬蜂怎样控制蜘蛛寄主的心智，使蜘蛛为自己造茧？

　　这是一个外寄生方式的奇特的例子，科学家对此极感兴趣，一直在研究揭开这一科学谜团。

　　嗜蛛姬蜂具有产卵特技，它们以蜘蛛网上的蜘蛛为寄主。嗜蛛姬蜂突袭蜘蛛时，会先刺蜇蜘蛛腿的基部，利用蜘蛛暂时失去知觉的时候，在蜘蛛的头胸部或腹部背面产下一个卵，蜘蛛后来虽然恢复知觉，但由于脚抠不到卵，只好任由孵化的嗜蛛姬蜂幼虫吸食体液，逐渐衰弱死亡。

　　有一种生活在澳大利亚的学名叫做尼氏斜脉姬蜂的嗜蛛姬蜂是昆虫"摄魂怪"，它能够分泌神经控制毒素，控制蜘蛛寄主（银背艾蛛）的神经系统、行为和身体，让蜘蛛寄主成为自己的幼虫的"食品室"，使蜘蛛寄主为自己的幼虫建造"育儿所"。

　　嗜蛛姬蜂发现合适的蜘蛛寄主后，先向蜘蛛体内注射毒液，然后在它身体外部产卵。蜘蛛寄主变成了一个活的"木乃伊"。卵孵化后，嗜蛛姬蜂幼虫会缓慢地吸食蜘蛛的内脏，

◀ 嗜蛛姬蜂在蜘蛛的腹部产卵

▼ 银背艾蛛为尼氏斜脉姬蜂幼虫造的茧

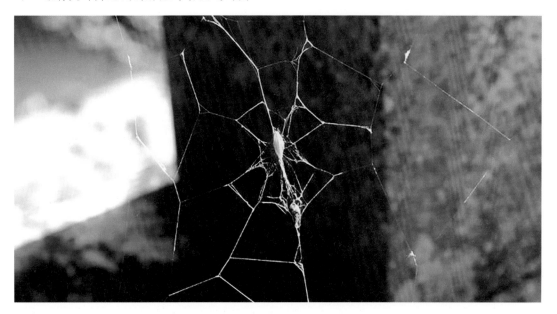

慢慢地长大。这个时期寄主蜘蛛照常生活，捕猎，织网。到嗜蛛姬蜂幼虫发育到一定的阶段，寄主蜘蛛会在嗜蛛姬蜂幼虫的控制下，为幼虫织网并造一个茧。蜘蛛寄主会像着了魔似的连续工作 10 个小时，造好一个比通常的蜘蛛网强韧结实 40 倍的超级蜘蛛网，并在网的中心造好一个茧。蜘蛛寄主的最后一项使命一旦大功告成，蜘蛛寄主身上的嗜蛛姬蜂幼虫立刻就把蜘蛛开膛，掏出内脏，蜘蛛便死去了。接着嗜蛛姬蜂幼虫爬到蛛网的中心，钻进茧里化成蛹。这整个过程就像离奇的恐怖电影，只不过发生在微观规模里。科学家认为，嗜蛛姬蜂分泌的神经控制毒素可能会与蜘蛛的内分泌系统发生反应，从而导致蜘蛛的织网能力增强。

▲ 银背艾蛛变成了一个活的"木乃伊"。尼氏斜脉姬蜂幼虫抓紧银背艾蛛，并吸食蜘蛛的体液

▲ 蜘蛛寄主织网造茧结束，立刻就被身上的嗜蛛姬蜂幼虫开膛

什么是幼虫寄生方式？
寄生蜂怎样寄生在寄主幼虫体内？
毛毛虫为什么要拼命保护寄生在它体内的寄生蜂幼虫？

　　幼虫寄生蜂类把卵产在寄主的幼虫（毛毛虫）的身体里，寄生蜂幼虫孵化时就吸食寄主的体液，但是不会立刻让寄主死亡，而是等到寄主将要吐丝做茧时咬破寄主身体羽化而出。幼虫寄生蜂通常在一个寄主身上产下许多个卵，孵化的幼虫群共同分享寄主的身体，并同时发育。

　　例如，纹白蝶绒毛小茧蜂雌蜂用产卵管将卵注入毛毛虫体内。在毛毛虫体内孵化出的卵中，有多达 60 只幼虫很快就会发育成熟。经过 12 天的狼吞虎咽，毛毛虫为体内的寄生蜂幼虫提供了充足的营养。寄生蜂幼虫长成一粒米大小，它们在毛毛虫皮肤下面蠕动。

▶　纹白蝶绒毛小茧蜂雌蜂在甘蓝纹白蝶幼虫体内产卵

毛毛虫继续猛吃，迅速长大，消耗的食物是其他未被寄生的同伴的 1.5 倍，其体重是其他未被寄生的同伴体重的 1.3 倍，多出来的 30% 体重实际上是寄生蜂幼虫的体重。在毛毛虫体内迅速成长的寄生蜂幼虫是非常聪明的，当它们喝毛毛虫的体液时，小心翼翼地不伤害毛毛虫的重要器官，使毛毛虫保持活力，它们就能继续在毛毛虫身体里有吃有住、安全生长。毛毛虫的"代孕"任务还有待继续完成。两周后寄生者完全成熟后，它们就会从"代孕母体"的保护中脱离出来，用它们新长成的锯齿状颚切割毛毛虫的体表皮肤。

为了进入生命周期的下一个阶段——通向外面世界，寄生蜂幼虫使用锯齿状颚来切割毛毛虫皮肤的坚硬厚层，否则它们就会被封闭在内，它们在啃咬出一条通向外面的通路时，同时释放使毛毛虫瘫痪无力的化学物质，使得它们不受影响地突破毛毛虫的皮囊。

寄生蜂幼虫终于自由地出来了，它们快速地织着丝茧——这是它们完成最终蜕变的理想环境。这些寄生蜂幼虫本身面临着被其他种类寄生蜂寄生的危险，因此，毛毛虫还需要完成最后一项可怜的任务。毛毛虫用自己用来做茧的丝覆盖寄生蜂幼虫的蛹茧，提供一层额外的保护层。然后，毛毛虫甚至会待在茧的附近，在剩余的几天生命时间里奋力击退其他种类寄生蜂对这些寄生蜂幼虫蛹茧的攻击。毛毛虫最后饿死了。毛毛虫这种奇怪的行为被认为是由几周前寄生了它的寄生蜂病毒引起的，病毒侵入了毛毛虫的大脑，使得它带着奇怪的"父性本能"一直到死亡，从而保护了下一代寄生蜂的生长蜕变。

▲ 寄生蜂幼虫从毛毛虫体内钻出来

▲ 毛毛虫用自己用来做茧的丝覆盖寄生蜂幼虫的蛹茧，提供一层额外的保护层。毛毛虫待在寄生蜂幼虫的蛹茧旁边，忠实地保护它们

什么是蛹寄生方式？
寄生蜂怎样寄生在寄主的蛹内？

　　蛹寄生蜂类把卵产在寄主的蛹里，寄生蜂幼虫孵化后就吸吮蛹的体液，但是不会立刻让寄主死亡，直到发育成熟、寄主干枯之后化蛹羽化而出。蛹寄生蜂有姬蜂、金小蜂等。

　　蝇蛹金小蜂具有很强的飞翔和寻找寄主能力，能敏锐地找到隐蔽在各种化蛹场所的蝇蛹，一旦发现蝇蛹，就将产卵器刺入蝇蛹内产卵。蝇蛹金小蜂卵孵化后，幼虫在蛹内吮吸体液，发育成长。

▼　蝇蛹金小蜂雌蜂把卵产在苍蝇蛹里

什么是成虫寄生方式?
寄生蜂怎样寄生在寄主成虫的体内?

　　成虫寄生蜂类把卵产在寄主的成虫身上，寄生蜂幼虫孵化时便吸食寄主的体液，但是不会立刻让寄主死亡，直到发育成熟、寄主干枯之后化蛹羽化而出。成虫寄生蜂有金小蜂、小茧蜂、小姬蜂等。

　　例如，一只小茧蜂先用触角探探蚜虫的身体，然后弯曲腹部，射出细条状的产卵器，刺入蚜虫体内产卵。蚜虫刚开始时似乎没什么感觉，但不久便身体膨胀如球，麻痹不能动弹，就像"木乃伊"，最后变成黄褐色慢慢死去。小茧蜂的卵孵化成幼虫，在蚜虫体内吸食体液，发育成熟后化蛹，羽化为成虫，咬破蚜虫身体飞走。

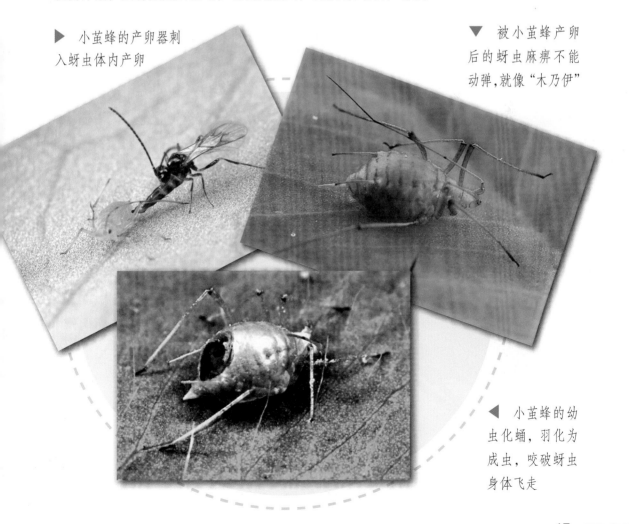

▶ 小茧蜂的产卵器刺入蚜虫体内产卵

▼ 被小茧蜂产卵后的蚜虫麻痹不能动弹,就像"木乃伊"

◀ 小茧蜂的幼虫化蛹,羽化为成虫,咬破蚜虫身体飞走

金小蜂用什么绝招让
蟑螂乖乖地听从指挥?

有一种金小蜂专门寄生蟑螂成虫。这种金小蜂雌虫受精后,会携带充足的卵寻找蟑螂寄主。发现蟑螂后,金小蜂会用产卵管闪电般猛刺蟑螂柔软的腹部。蟑螂也不会坐以待毙,会拼命地挣扎抵抗。金小蜂第一次蜇刺蟑螂上腹部以阻止蟑螂逃走,第二次精确地蜇刺蟑螂大脑,注射"章鱼胺"麻痹蟑螂,使蟑螂变成一具活的"木乃伊"。"章鱼胺"可以控制蟑螂的神经系统,使蟑螂失去自主意志,按照金小蜂的意愿行动。接下来,金小蜂切断蟑螂的触须并且吸食蟑螂的富含糖和蛋白质的体液,补充在战斗中损失的体能。金小蜂吃完后,会咬住蟑螂触须的根部,就像牵着小狗一样拖着"木乃伊"化的蟑螂回到巢穴。蟑螂绝对不会摔倒,它会正常地行走,并且完全配合和服从金小蜂。

▼ 金小蜂把蜂毒注入一只蟑螂,这只蟑螂被麻痹

▲ 金小蜂蜇刺蟑螂大脑，让蟑螂变得迟钝

▶ 一只金小蜂从蟑螂体内钻出来

　　金小蜂随后拖动蟑螂的触须，把蟑螂拖到巢里一个隐秘的角落，然后在蟑螂身上产卵。这是为了保护蟑螂和蜂卵远离潜在的捕食者，也是为了防止蟑螂逃走。大约两天后，蜂卵就会孵化，金小蜂幼虫会在蟑螂的腹部咬一个洞，吸食流出的体液。幼虫会取食蟑螂的器官，并有策略地将蟑螂的神经系统留到最后吃。因为一旦神经系统被吃掉，蟑螂就会马上死掉。金小蜂幼虫会在蟑螂体内做茧化蛹，6星期后，一只金小蜂从蟑螂体内钻出来。但是什么阻止了蟑螂肉变质？蟑螂全身都布满细菌，为什么在寄生蜂幼虫的发育过程中蟑螂肉没有变质？德国雷根斯堡大学的科学家研究发现，金小蜂幼虫能分泌强效的抗菌化合物以阻止它们的食物——蟑螂腐败。

有没有寄生在寄生蜂身体里的寄生蜂?

钩腹姬蜂科就是一类寄生在寄生蜂身体里的寄生蜂,又叫重寄生蜂。钩腹姬蜂有100多种,极其罕见。钩腹姬蜂雌虫腹部末端呈钩状弯曲,所以叫做钩腹姬蜂。钩腹姬蜂长得与其他种的姬蜂差不多,但是也有的钩腹姬蜂拟态胡蜂,长得与胡蜂相像。

钩腹姬蜂的雌成虫会在叶子边缘或叶肉组织里面产几千个卵。然后这些卵必须被毛毛虫(比如蝴蝶、蛾和叶蜂的幼虫)吞下,进入毛毛虫的肠道,孵化成幼虫。幼虫再钻进原先已经寄生在毛毛虫体内的其他寄生蜂(比如姬蜂和茧蜂)或寄生蝇(比如寄蝇)的幼虫的身体里面取食、生长发育。

假如钩腹姬蜂的卵进入毛毛虫的肠道后,恰好这时这条毛毛虫被胡蜂杀死并喂养胡蜂幼虫,那么刚刚孵化的钩腹姬蜂幼虫就钻入胡蜂幼虫体内取食、生长发育。也就是说,钩腹姬蜂的幼虫能否生存和发育,取决于钩腹姬蜂的卵必须被毛毛虫吞下,而毛毛虫还必须被别的寄生蜂寄生或者被胡蜂取食。这整个无比复杂的过程真是不可思议的自然奇迹!每一步对钩腹姬蜂来说,生存的概率都小于九死一生,因此钩腹姬蜂极其罕见。

寄生在毛毛虫体内的其他寄生蜂幼虫身体里的钩腹姬蜂幼虫是寄生在寄生蜂身体里的寄生蜂(重寄生蜂),寄生在胡蜂幼虫体内的钩腹姬蜂幼虫就是普通的寄生蜂。如果原先寄生在毛毛虫体内的其他寄生蜂已经被其他寄生在寄生蜂身体里的寄生蜂(重寄生蜂)寄生了,那么钩腹姬蜂就有可能成为寄生在寄生在寄生蜂体内的寄生蜂身体里的寄生蜂(为方便起见生造一个词,就叫"重重寄生蜂")。

▲ 一种钩腹姬蜂

思考题

举例说明昆虫的寄生。

昆虫的拟态和保护色

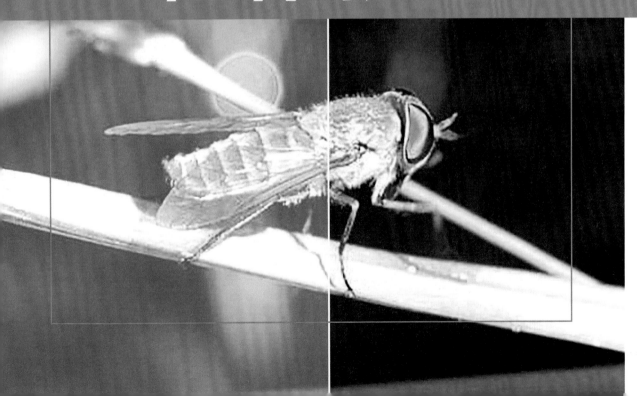

什么是拟态？

有些种类的动物为了更好地躲避捕食者，保护自身，或者欺骗麻痹猎物，提高捕猎效率，进化出了各种各样伪装术。拟态（Mimicry）就是一种有效的伪装术。

一类生活在东南亚的螽斯（*Macroxiphus sp.*），它们想出了很好的生存办法——模拟蚂蚁。它们大都深棕色或者黑色，体长大约10毫米，远远望去像一只大黑蚂蚁，而仔细看就会发现它那比身体长的细长触角和强壮有力的后腿。

拟态是指一种生物模拟另一种生物或者周围环境，从而获得某些好处的生态适应现象，它包括保护色、警戒色和狭义拟态三种类型。

早在晚侏罗纪到早白垩纪，昆虫和植物之间就已经出现了拟态现象。根据目前的化石证据推断，昆虫中最早的保护色出现在晚石炭纪。那时的保护色大约类似于现在的蚱蜢或者蝉类，昆虫的体色与栖息环境极其接近，不注意的话很难发现。那时候的捕食者主要是两栖动物和爬行动物，较高等的鸟类和哺乳类都还没有出现或者仅仅处于刚刚起

▶ 一条毛毛虫拟态蛇头

◀ 一类生活在东南亚的螽斯，它们想出了很好的生存办法——模拟蚂蚁。它们大都深棕色或者黑色，体长大约10毫米，远远望去像一只大黑蚂蚁，而仔细看就会发现它那比身体长的细长触角和强壮有力的后腿

源的时刻。而两栖类捕食者，比如青蛙，除非物体是活动的，它才能看到并加以捕捉，这样就使昆虫不必具有过于复杂的拟态现象，仅是和环境接近的体色就足以保证自身的安全了。

随着晚侏罗纪被子植物的出现，捕食动物有了初步的进化特征，这时，昆虫的主要天敌仍是肉食性昆虫。为了逃避捕食者的袭击，昆虫们不断进化，伪装成植物的枝条、叶片甚至花朵。竹节虫是昆虫拟态现象最典型的一个例子。在晚侏罗纪，竹节虫还具有相当发达的翅，飞行能力不错，那时候它还没有出神入化的拟态本领。随着被子植物的进化，竹节虫的习性和食性，以及生存环境都具有了明显的变化，如今我们看到的竹节虫已经失去了飞行能

▲ 一对竹节虫在交尾

力，翅膀完全退化，但是它们隐蔽自己的能力却大大提高了。现在，竹节虫的身形酷似竹子的细枝，身体上甚至有非常精美的竹节（竹节虫之名因此而来），只要静止不动，别的动物很难发现它的存在。

 知识链接

拟 态

拟态（Mimicry），在演化生物学里，指的是一个物种在进化过程中，获得与另一种成功物种相似的特征，以混淆另一方（如掠食者）的认知，进而远离或靠近拟态物种。这种现象在许多动物的行为中很常见，已知从昆虫、鱼类、两栖类到植物甚至是真菌都有记录显示这些生物已懂得使用拟态。对于有被掠食威胁的生物来说，一般在掠食者视觉上，如猎物具有与对掠食者有危险或是无用的生物相似的外貌，会使掠食者很难辨识，因此便很容易达到欺瞒的目的；然而若在行为、声音、气味或栖息地点上也很类似，成功地骗过掠食者的概率就会更高。同样，某些掠食者懂得善于利用自己先天的优势（如外形），或能将自己的身体轮廓隐藏起来，使猎物察觉不到，因而大幅提升了猎食的成功率。

什么是保护色？

保护色是拟态的一种类型，是指动物无法通过自身的能力来保护自己，只有通过从形态及体色上模拟环境来达到保护自己的目的。保护色使生物模拟外界环境，把体表的颜色改变为与周围环境相似，从而不被捕食者发现。

按照达尔文的解释，生物的保护色、警戒色和拟态是由自然选择决定的。生物在长期的自然选择中，形成了形形色色功能不同的保护色。

昆虫世界中这种例子很多。我们捉蚂蚱的时候都会先在草丛里走一走，把蚂蚱惊飞起来，再跟着去捉，否则想在一大片绿草地上找到小蚂蚱，实在不容易。枯叶蝶停在树枝上，像一片枯树叶，行人常把它当作枯叶，当用手碰它时，它却一抖身体，向空中飞去。尺蠖栖息在树枝上，粗粗一看，宛如树枝。竹节虫体态如同竹节，停留在竹枝上，也叫人难分辨哪是竹枝，哪是竹节虫。

▼ 树枝上有几只枯叶蝶

有时候躲避猎食者最简单的办法就是隐藏起来。印度枯叶蝶的翅膀是最完美的伪装——和树林地面上的枯枝落叶融为一体，当两翅并拢时，就起到了很好的隐蔽作用而不容易被天敌发现。危险解除后，它们就伸展开翅膀来展示它们腹部橙色和紫蓝色的图案。

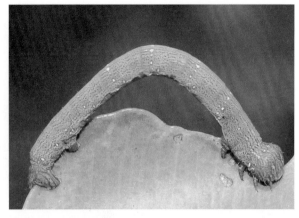

▲ 尺蠖像树枝吗

▼ 树皮螳螂（巴西米纳斯吉拉斯州），你能找到它吗

▲ 树皮螳螂（巴西米纳斯吉拉斯州）在这里

▲ 螳螂（巴西米纳斯吉拉斯州），你能找到螳螂吗

▲ 美洲大螽斯（巴西米纳斯吉拉斯州），你看我像树叶吗

什么是警戒色？

警戒色是拟态的一种类型，是指某些有恶臭或毒性的动物和昆虫所具有的鲜艳色彩和斑纹，与周围环境形成反差。对鸟及其他捕食性天敌来说，具有醒目的警戒色的昆虫令其厌恶、不可碰或不可食。靠着自身的警戒色，某些昆虫能吓退天敌，从而更好地生存下去。

保护色和狭义拟态现象都表现为与环境色彩相似，不易被识别，从而可以保护自己。而警戒色则表现得与环境不同，容易被发现，而且具有警戒色的动物和昆虫一般都具有潜在的伤害性，据此可把警戒色与保护色和狭义拟态现象区分开。

警戒色的例子很多，例如，胡蜂的身体有黄黑相间的醒目条纹，其作用是警戒而不是隐蔽。再看，刺蛾的幼虫，多数都具有鲜艳的色彩和花纹，如果被鸟类吞食，其毒毛会刺伤鸟的口腔黏膜，这种毒蛾幼虫的色彩就成为鸟的警戒色。还有，蓝目天蛾，其前翅颜色与树皮相似，后翅颜色鲜明，类似脊椎动物眼睛的斑纹，当遇到其他动物袭击时，前翅突然展开，露出后翅，将袭击者吓跑。

这些有警戒色的昆虫对捕食者构成了威胁或伤害，其艳丽夺目的体色成为捕食者终身难忘的预警信号。但是，警戒色在预防敌害中也只有相对的作用，虽然一般鸟类不敢贸然进攻毒蛾的幼虫，但杜鹃的口腔上皮却有着特殊的保护功能，它们专吃这些毒蛾的幼虫。

▲ 胡蜂的警戒色

▲ 蓝目天蛾的警戒色

▲ 祈祷螳螂的警戒色

▲ 蝗虫的警戒色

▲ 刺蛾幼虫的警戒色

▲ 螽斯的警戒色

分布在中美洲到巴西南部地带的"邮差蝴蝶"（postman butterfly），其翅膀上的亮红色是对潜在的敌人发出警告——"我"是有毒的，吃了"我"只会让你痛不欲生。这个信号的传递，称为"警戒作用"。有一些无毒的蝴蝶也伪装成有毒蝴蝶的样子，让捕食者敬而远之。

▼　邮差蝴蝶

▶　帝王蝶（上）和总督蝶（下）的警戒色

什么是狭义拟态？

　　拟态是指一种生物模拟另一种生物或者周围环境，从而获得某些好处的生态适应现象，它包括保护色、警戒色和狭义拟态3种类型。

　　狭义拟态就是单纯意义上的拟态。保护色和狭义拟态现象都表现为与环境色彩相似，不易被识别，从而可以保护自己。而警戒色则表现得与环境不同，容易被发现，而且具有警戒色的动物和昆虫一般都具有潜在的伤害性，据此可把警戒色与保护色和狭义拟态现象区分开。

　　警戒色和狭义拟态是一对相关联的概念。具有警戒色的动物往往有毒、味道不佳或有刺，捕食者一旦取食这种动物就会受到刺激，从而学会在下一次捕食中避开这种猎物。狭义拟态是可食的或无毒的生物模拟这种有毒且具有警戒色的生物来使自己避免被取食。口味不好的的昆虫种类被当作被模仿的"模型"，而鲜美可口的模仿"模型"种类则被称为"模拟型"。一个拟态系统由模仿者、被模仿者和受骗者三方组成。模仿者一般是无毒的，

▼ 胡蜂

被模仿者则是有毒的生物，受骗者则是冤大头。

拟态在进化的自然选择过程中不断完善，有些时候模仿者与被模仿者极其相似，只有通过仔细检查两者才能区分开来。越与被模仿者相似的拟态越容易被捕食者误认为是被模仿者，因而也更容易逃避捕食。相反，拟态程度差的模仿者将不被误认为是被模仿者，因而更容易被捕食。在这种压力下，拟态差的模仿者个体将逐渐被消灭，仅留下那些与被模仿者很相似的模仿者类型。拟态常扩展到行为方面，模拟者采用被模仿者的习性和飞行行为。任何与被模仿者行为不相符的模仿者都将在自然选择的长期过程中被淘汰。比如蝴蝶，只有一些难于下咽的蝴蝶种类被捕食以后，其余种类的蝴蝶才能幸免。如果蝴蝶种群含有高比例的可食性模仿者，捕食者就有很大的机

▲ 拟态胡蜂的食虫虻

▲ 拟态胡蜂的天牛

会捕食它们，因而就不能很快地识别警戒色，也就失去了应有的保护价值。

正如人类一旦被蜜蜂或者胡蜂蜇伤，再见到它们就会躲得远远的。同样，鸟类也许不小心吃到了蜂类，被蜇伤口腔黏膜，就会对这种明显的黄黑相间的花纹产生极其深刻的印象，下一次就会避免取食这种蜂类。有一种访花蝇模拟蜂类的形态，身上也具有明显的黄黑相间的花纹，鸟类也会对它敬而远之。

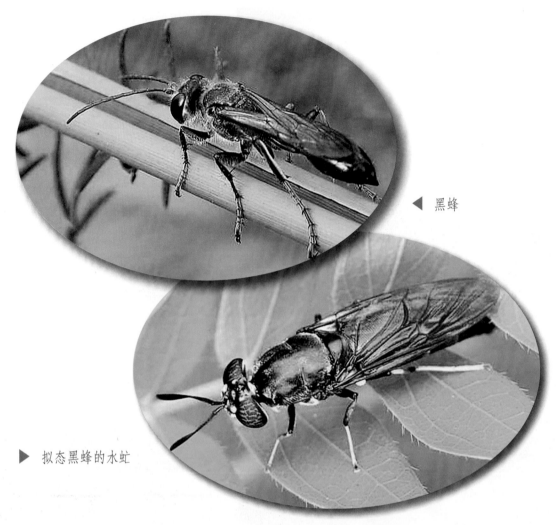

▲ 黑蜂

▶ 拟态黑蜂的水虻

▼ 蜜蜂　　　　　　　　　　　▼ 拟态蜜蜂的访花蝇

▼ 拟态蜜蜂的蜂虻

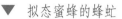

▲ 拟态蜜蜂的食蚜蝇

▼ 拟态蜜蜂的寄蝇

▲ 拟态蜜蜂的斑虻

■ 黑脉金斑蝶是怎样保护自己的呢？ 其他种类的蝴蝶是怎样拟态 黑脉金斑蝶来保护自身的？

对于那些以昆虫为食的鸟类、青蛙、蜘蛛和其他动物来说，蝴蝶就是它们的美餐。然而，黑脉金斑蝶通过使自己不合捕食者的口味来保护自己。当一只鸟吃了黑脉金斑蝶后就会生病。鸟类记住黑脉金斑蝶翅膀的鲜艳图案。那只因为品尝黑脉金斑蝶而生病的鸟可能

▼ 黑脉金斑蝶。许多黑脉金斑蝶在冬天飞往南方，春天又飞回北方

是不会再吃这种黑脉金斑蝶了。

　　黑脉金斑蝶之所以味道差，是因为它的幼虫进食乳草属植物。对于大多数生物来说，进食乳草属植物会导致呕吐甚至死亡。黑脉金斑蝶的幼虫通过进食乳草属植物而获得的具有保护作用的化学物质，在它变形为蝴蝶的过程中保留在它的体内。乳草属植物味苦或有毒的汁液被贮存于黑脉金斑蝶成虫的身体组织内，使它的味道很差。

　　副王蛱蝶的翅膀看起来像黑脉金斑蝶的的翅膀一样。副王蛱蝶一点都没有毒，但是，鸟类却认为它们是难吃的黑脉金斑蝶，因而远离它们。

▼　副王蛱蝶，前翅呈橙褐色，边缘呈黑色，上面有白斑，看起来很像黑脉金斑蝶，但是体形略小，常见于加拿大至墨西哥海湾地区

为什么有这么多昆虫和蜘蛛
冒充蚂蚁？什么是拟蚁现象？

蚂蚁是不好对付的、具有严密社会组织的昆虫，数量多且攻击性很强，被它咬一口，会被注入蚁酸，伤口会火辣辣的有烧灼痛，一时半会儿缓解不了。蚂蚁身上不长肉，吃了它也不耐饥，对鸟兽而言味道不好。平常动物或大个儿虫子不敢冒险去招惹蚂蚁，因此很多昆虫和蜘蛛模拟蚂蚁的形态和行为等，以免成为天敌的食物，被称为拟蚁现象。

▼ 保护蚜虫的蚂蚁

▲ 模拟蚂蚁的蜘蛛　　▲ 模拟蚂蚁的角蝉　　▲ 模拟蚂蚁的蛛缘蝽

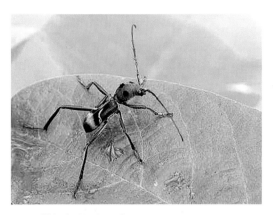

▲ 模拟蚂蚁的天牛

▲ 模拟蚂蚁的美洲大螽斯若虫

▲ 模拟蚂蚁的长蝽

▲ 模拟蚂蚁的猎蝽若虫

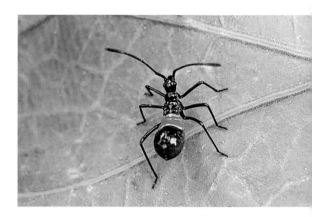

▲ 模拟蚂蚁的缘蝽若虫

▲ 模拟蚂蚁的一种跳蛛

▲ 另一种模拟蚂蚁的蜘蛛

为什么有的昆虫要冒充红萤?

红萤科（红萤科的学名：Lycidae），全世界已知2900余种，我国记载60余种。红萤类似萤火虫，但比萤火虫大些，虫体有色彩，大多是红色。成虫白天活动，常见于植物叶面、花间等，喜访花吸蜜，有腥臭的体味可以驱敌；幼虫生活于树皮下或土壤中，吃朽木。红萤会放出有毒气体以躲避掠食者，动物或大个儿虫子也不愿去惹它，因此，有的昆虫也去冒充红萤。

◀ 红萤

◀ 模拟红萤的花萤

▲ 模拟红萤的天牛

思考题

1. 什么是拟态?

2. 什么是保护色和警戒色?

3. 你见过几种拟态昆虫?

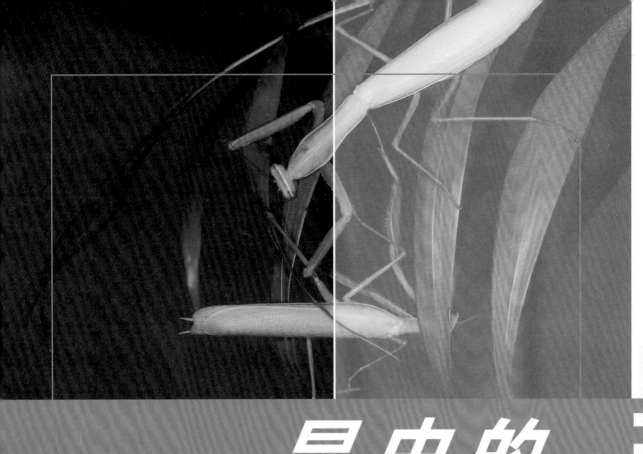

昆虫的
死亡性爱

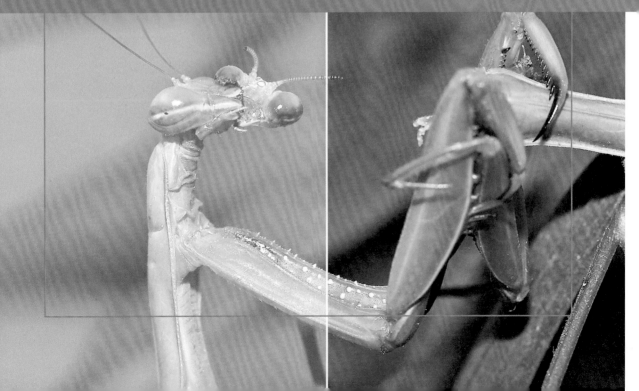

什么是昆虫的死亡性爱？

从生物学角度看，性交的目的是生殖繁衍。性交对于动物，是极其刺激、兴奋而且欢愉的。但是，动物界有一类性交是恐怖的，是以参与性交的一方付出生命为代价的。性食同类（sexual cannibalism）现象就是一种死亡性爱，它是指一些动物在交尾前后甚至是在交尾过程中，雌性吃掉与之交尾的雄性。一些种类的蜘蛛和螳螂均存在性食同类现象，对于雄性而言，交尾很可能是一场死亡游戏。

法布尔的《昆虫记》中记载，雄螳螂在交尾时奉献自己的身体作为雌螳螂的食物，以提供雌螳螂产下更多卵的营养。法布尔说："然而在事实上，螳螂甚至还具有食用它丈夫的习性。这可真让人吃惊！在吃它的丈夫的时候，雌性的螳螂会咬住它丈夫的头颈，然后一口一口地吃下去。最后，剩余下来的只是它丈夫的两片薄薄的翅膀而已。这真令人难以置信。"

其他一些昆虫，诸如蟋蟀、蚱蜢、蚁蛉等也有类似的现象，不过没有雌螳螂那样性急，而是等到交配完毕之后才将配偶吃掉。雄虫在交尾时会被雌虫吃掉的例子，也见于不是昆虫的蜘蛛。

▲ 交尾前雄螳螂跳到雌螳螂背上，用前足抱住雌螳螂

▶ 雌螳螂咬食雄螳螂的
前足

▲ 雄螳螂的中胸已被
啃得所剩无几

◀ 雄螳螂的腹部残肉和尾
须血流尽变成半透明的，雌
螳螂真是可怕的"黑寡妇"

雌螳螂交尾过程中，
会吃掉与它交尾的雄螳螂吗？

　　螳螂是肉食性昆虫，它悄悄地埋伏在固定的地点等候猎物，猎物靠近了，它就极快地扑上去抓住猎物，捕食猎物。螳螂把近旁会动的物体都看作是猎物，然后依据该物体的动作，判断是否是食物，再决定是否捕食。在一个小容器中饲养多只螳螂，它们就会互相残杀，同类相食，可以不必另外提供食物。

　　以大螳螂(*Tenodera aridifolia*)为例，观察螳螂交尾过程。大螳螂是中型至大型的昆虫，身长 70 ~ 95 毫米，身体呈绿色或褐色，头为三角形，足为捕捉足。由于大螳螂常躲在花丛间，收起前足摆在胸前等待猎物，姿势犹如祈祷状，故有"祈祷螳螂"的别称。雄大螳螂的体重大约只有雌大螳螂的1/3，其体形也明显小于雌大螳螂，所以雌、雄互相残杀时，雌大螳螂肯定占上风。

　　傍晚，一只雌大螳螂弯曲着腹部末端伏在草丛中，身体分泌性激素，引诱雄大螳螂前来交尾。附近的一只雄大螳螂发现了这雌大螳螂，抬起头部，摇动前后触角，慢慢爬近。此时天已全黑，雄大螳螂看不见雌大螳螂，但它在雌性激素的引导下，爬近了雌大螳螂。

　　此刻，雄大螳螂激烈地振动身体，摇动草叶，然后弯曲腹部

▲ 这对螳螂在交尾

末端，摆出与雌大螳螂相同的姿势。雌大螳螂似乎是回应雄大螳螂，腹部弯得更弯曲了，并向雄大螳螂接近，到距离2～3厘米时，就静止不动。接下来，如果雌大螳螂先摇动前足，雄大螳螂就会被吃掉；如果雄大螳螂在雌大螳螂摇动前足前，先跳到雌大螳螂背上，用前足紧紧捉住雌大螳螂的头，从腹端伸出生殖器，就可顺利交尾。经过长达4～5小时的交尾后，雄大螳螂会迅速地从雌大螳螂的背上跳下，停留大约3～5分钟，然后逃走。但有时雄大螳螂未抓紧雌大螳螂的头部，交尾中的雌大螳螂反过头来抓住雄大螳螂的身体开始取食，有意思的是，这时雄大螳螂的腹端仍在和雌大螳螂交尾。被啃掉头的雄大螳螂还在与"黑寡妇"享受交尾的快乐。

▲ 雌螳螂把雄螳螂的头扯下来

▲ 交尾时雌螳螂反过头来抓住雄螳螂的前足、身体开始取食

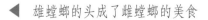

◀ 雄螳螂的头成了雌螳螂的美食

雌螳螂在交尾时为什么会吃掉雄螳螂？每一只与雌螳螂交尾的雄螳螂都会被吃掉吗？

从前昆虫学家认为雌螳螂交配后吃雄螳螂是为了获得营养生育后代，有一个实验证明，那些吃掉了配偶的雌螳螂，其后代数目比没有吃掉配偶的要多20%。

现在昆虫学家发现，雌螳螂是因为饥饿才吃掉雄螳螂的，"吃夫"行为并不是每次交配后都发生。雄螳螂并不愿意被雌螳螂吃掉。雄螳螂比雌螳螂善于飞翔，运动量约为雌螳螂的150%，捕食量仅是雌螳螂的5%～10%。雄螳螂捕食的食物的能量，主要用于寻找交尾对象时的飞翔、爬行。雌螳螂为了产卵比雄螳螂需要更多的食物能量。野外的雌螳螂经常空着肚子，埋伏在固定的地点守候着猎物上门，若两三天没有猎物可捕，雌螳螂便会四处活动寻找猎物。如果雄螳螂找到这种饥饿的雌螳螂为交尾对象，很有可能成为这只雌螳螂的食物。

1984年，科学家里斯克（E.Liske）和戴维斯（W.J.Davis）在实验室里用摄像机拍摄大刀螳螂交尾。他们事先把螳螂喂饱吃足，把灯光调暗，而且让螳螂自得其乐。结果，在30次交配中，雌螳螂都没有吃夫。他们首次拍摄到螳螂复杂的求偶仪式：雌雄双方翩翩起舞，求偶仪式短的为10分钟，长的达2小时。里斯克和戴维斯认为，以前人们之所以频频在

▼ 雄螳螂的头被咬下来了

▲ 一只交尾后动作迟缓未来得及逃走的雄螳螂，被雌螳螂抓住后足

▼ 雌螳螂继续啃咬雄螳螂的前胸

实验室观察到螳螂吃夫，原因之一是因为在直接观察的条件下，失去"隐私"的螳螂没有机会举行求偶仪式，而这个仪式能消除雌螳螂的恶意，是雄螳螂能成功地交尾所必需的。另一个原因是因为在实验室喂养的螳螂经常处于饥饿状态，雌螳螂饥不择食，把丈夫当美味。为了证明这个推想，里斯克和戴维斯在1987年又做了一系列实验。他们发现，那些处于高度饥饿状态（已被饿了5～11天）的雌螳螂一见雄螳螂就扑上去抓来吃，根本无心交尾。处于中度饥饿状态（饿了3～5天）的雌螳螂会进行交尾，但在交尾过程中或在交尾之后，会试图吃掉配偶。而那些没有饿着肚子的雌螳螂则并不想吃配偶。可见雌螳螂吃夫的主要动机是因为肚子饿。能够顺利交尾，又活着离开的幸运儿，在观察案例中约占2/3。

但是在野外，雌螳螂并不是都能吃饱肚子的，那么，吃夫就还是可能发生的。1992年，劳伦斯（S.E.Lawrence）在葡萄牙对欧洲螳螂的交配行为进行了首次大规模的野外研究。在他观察到的螳螂交尾现象中，大约31%发生了"吃夫"行为。在野外，雌螳螂大概处于中度饥饿。吃掉雄螳螂，对孕育螳螂后代也的确有益。1988年的一项研究发现，那些吃掉配偶的雌螳螂，其后代的数目比没有吃掉配偶的要多20%。

雄螳螂愿意在交尾时被雌螳螂吃掉吗？

　　昆虫学家发现，雄螳螂并不是心甘情愿地被吃的。法布尔的《昆虫记》中记载，雄螳螂为了交尾接近雌螳螂，被雌螳螂发现，瞪了一眼后，雄螳螂就好像被雌螳螂点到穴位般，无法动弹。真相是，雄螳螂如果想与雌螳螂交尾，在接近雌螳螂时都是非常小心的，乘雌螳螂没有发现自己的瞬间接近，一旦被雌螳螂发现，雄螳螂就立刻停止爬行，而不是像法布尔所说的"无法动弹"。在交尾后，雄螳螂通常会尽快离开，那些年老、动作迟钝的雄螳螂，会被雌螳螂吃掉。

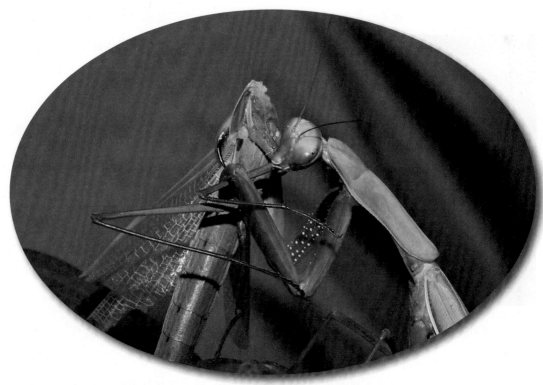

▲　雌螳螂大嚼雄螳螂的中胸

思考题

为什么有一些雌螳螂交尾时会吃掉雄螳螂？

多彩的
昆虫世界

鞘翅目

■ 甲虫、萤火虫属于哪个目？
鞘翅目昆虫有什么特点？

　　鞘翅目（Coleoptera）是昆虫纲中最大的目，包括各种甲虫。目前全世界的甲虫，约182科，约有35万种，占昆虫总数的40%。除了在海洋和极地之外，任何环境都可以发现甲虫。中国已记载甲虫约有1.32万种。

科学分类

界：动物界 Animalia

门：节肢动物门 Arthropoda

纲：昆虫纲 Insecta

亚纲：有翅亚纲 Pterygota

下纲：新翅下纲 Neoptera

总目：内翅总目 Endopterygota

目：鞘翅目 Coleoptera

亚目

· 肉食亚目 Adephaga

· 原鞘亚目 Archostemata

· 粘食亚目 Myxophaga

· 多食亚目 Polyphaga

甲虫一般都有外骨骼，前翅为硬壳，通常可以覆盖身体的一部分以及保护后翅；前翅不能用来飞行。后翅膜质，有时退化。一些种类已经丧失飞行能力，如步行虫和象鼻虫。复眼发达，常无单眼。触角形状多变。甲虫有咀嚼式口器。

▶ 步行虫和它的猎物——蚯蚓。步行虫的特点是腿长，有闪光的黑色或者褐色的翅鞘，有许多种步行虫的翅膀已经退化或完全没有。大多数步行虫以对人类有害的昆虫为食

▲ 一种象鼻虫。在秋天，象鼻虫开始冬眠，直到春天来临，大约95%的象鼻虫在冬天死亡

◀ 甲虫的咀嚼式口器

甲虫是完全变态发育的昆虫,经历卵、幼虫、蛹、成虫四阶段。

甲虫食性很广,分为植食性——各种叶甲、花金龟,肉食性——步甲、虎甲,腐食性——阎甲,尸食性——葬甲(又称埋葬虫),粪食性——粪金龟。有一些种类甲虫是农业、林业、果树和园艺的害虫和益虫,或是仓储物和人类居室的害虫。

▲ 叶甲,身体长圆形,足短,触角大约为体长的一半,是吃叶子的害虫

▲　艳丽的花金龟，以果树、林木的花或果实为食

▶　步甲的成虫、幼虫多以蚯蚓、
钉螺等小昆虫及软体动物为食

◀ 节日虎甲，有鲜艳的颜色。虎甲白天活动，四处捕食小昆虫

▲ 交配中的绿虎甲

▲ 阎甲，外壳坚硬、光滑，有椭圆形、圆筒形等，多为黑色，有些呈黄褐或红色斑纹

▲ 葬甲（又称埋葬虫）专食动物尸体，总是不停地挖掘尸体下面的土壤，最后会自然而然地把尸体埋葬在地下

▲ 许多粪金龟在享用马粪。粪金龟成虫、幼虫均以哺乳动物粪便为食。成虫在粪堆下打洞,然后运粪入洞并产卵在粪中,幼虫生息在粪中

▼ 萤火虫，鞘翅目萤科昆虫的通称，全世界约 2000 种，分布于热带、亚热带和温带地区，中国较常见的有黑萤、姬红萤、窗胸萤等

萤火虫发光起到什么作用？
为什么萤火虫能发光？

　　晴朗的夏夜，树林和草丛中会见到有一些亮点在移动，忽明忽暗，这是萤火虫在发荧光。闪烁的荧光是萤火虫雄虫和雌虫之间发布和回应的求偶信息，雄虫和雌虫是通过发光来吸引对方的。雄虫正在寻找生活在地下草丛中不能飞翔的雌虫。大多数种类的萤火虫，雄虫有翅，雌虫无翅。萤火虫雄虫成熟后，会长出鞘翅；而雌虫长得像幼虫一样，它们无法飞行。

　　萤火虫发光的目的，除了求偶，还有警戒、诱捕等用途。发光是萤火虫的一种沟通工具，不同种类的萤火虫的发光方式、发光频率和颜色也不同，萤火虫用发光来传达不同的信息。

　　萤火虫发出的光是交配季节雄虫和雌虫之间的联络信号。但是不同种类的萤火虫会不会搞错对象，在黑暗中"乱点鸳鸯谱"呢？无需担心，不同种类的萤火虫各自有一套复杂的联络"密码"。不同种类萤火虫发光器官的形状和大小不一样，它们的光谱及闪光持续时间和闪光间隔时间都不同。大多数萤火虫发出黄绿色荧光，夜晚中黄绿光所包含的信息容易被同种萤火虫所接收。雄虫先在黑暗中发出有一定颜色、时间间隔和闪光持

▲　树林里的萤火虫在夜晚闪光

续时间的荧光，向雌虫传递求偶信息。附近的雌虫看见雄虫的闪光信号后，就发出与求偶信号不一样的、有一定时间间隔和闪光持续时间的荧光来应答。根据不同的闪光方式，以及闪光持续时间和闪光间隔时间的差异，雄虫能将同类的雌虫与其他类别的雌虫区别开来。

萤火虫会发光因为在它们的腹部末端有发光器官，发光器官内充满许多含磷的荧光素和荧光素酶，使萤火虫能发出一闪一闪的荧光。

萤火虫的发光器官上面覆盖着一层透明的角质表皮，表皮下排列着成千上万个内含荧光素和荧光素酶的发光细胞。当体内氧气充足时，荧光素在荧光素酶的激发下，就可以与萤火虫从气管吸进的氧气化合反应，合成氧化荧光素。这个过程释放的能量就会转化为荧光。平时见到萤火虫发出的光一明一暗，正是萤火虫断续开关气门控制氧气进入发光器官的作用。

▼ 萤火虫雄虫在飞行时闪光

思考题

1. 你能说出多少种鞘翅目昆虫？
2. 萤火虫发光的目的有哪几种？

鳞翅目

- **蝴蝶和蛾属于哪个目？**

  鳞翅目昆虫有什么特点？

科学分类

界：动物界 Animalia

门：节肢动物门 Arthropoda

纲：昆虫纲 Insecta

目：鳞翅目 Lepidoptera

鳞翅目（Lepidoptera）是昆虫纲中第二大目，包括各种蝴蝶和蛾类。鳞翅目有 20 万余种，中国约有 9800 种。绝大部分属于蛾类，蝶类只占约 10%。鳞翅目分布范围极广，以热带种类最为丰富。

鳞翅目昆虫的成虫有两对翅膀。体、翅密布鳞片和毛。翅膀覆盖着细小重叠的鳞片，当翅膀碰到物体上时，这些鳞片很容易脱落，就像粉末一样。口器为虹吸式，呈吸管状，下唇须发达。幼虫为多足型，俗称毛毛虫，腹足有趾钩。

鳞翅目昆虫是完全变态发育，经历卵、幼虫、蛹、成虫四阶段。

成年的蝴蝶和飞蛾是无害的，但是它们的毛虫（幼虫）却是害虫，它们常常严重地毁坏植物、植物产品和一些动物产品，如桃小食心虫、衣蛾、苹果小卷叶蛾、玉米螟、印度谷螟、舞毒蛾、棉铃虫、菜粉蝶、小菜蛾。蛾的有害种类要比蝴蝶多。鳞翅目中绝大多数种类的幼虫危害各类栽培植物，体形较大的幼虫常吃完叶片或钻蛀枝干。体形较小的幼虫往往卷叶、缀叶、结鞘、吐丝结网或钻入植物组织取食为害。鳞翅目昆虫的成虫多以花蜜等作为补充营养，有些种类口器退化不再取食，一般不造成直接危害。

少数种类的蝴蝶和蛾在花的授粉过程中起着重要的作用。例如，蜂鸟蛾，在采蜜的时候给花传粉；丝兰蛾在丝兰花上产卵，并在那里放置一个花粉球。然而总的来说，和蜜蜂相比，蝴蝶和蛾在花朵授粉的过程中所起的作用非常小。

▼　燕尾蝶

▲ 松异舟蛾是欧洲南部、地中海地区和北非分布最广、危害最严重的一种森林害虫，前翅为乳白色，有褐色斑点，后翅为白色，幼虫以松针为食

▶ 虹吸式口器——蝴蝶的舌头

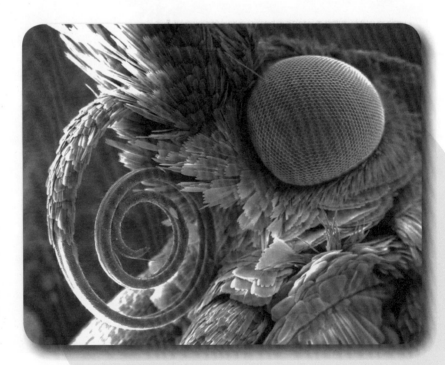

▲　印度的细纹波蛱蝶的卵

　　除了蜜蜂，蚕蛾是唯一已被驯化的昆虫。有些人因为蝴蝶和飞蛾翅膀的美丽色彩而收集它们。许多种昆虫、爬行动物、哺乳动物和鸟类会扑食毛虫；有些人也将毛虫当作美味的菜肴享用。

▲　苹果小卷叶蛾

▲　棉铃虫成虫

▶　棉铃虫是棉花蕾铃期害虫，主要蛀食蕾、花、铃，也取食嫩叶

◀　印度谷螟，害虫，其幼虫危害各种粮食和加工品、豆类、油料、花生、各种干果、干菜、奶粉、蜜饯果品、中药材、烟叶等

◀ 菜粉蝶幼虫

▼ 菜粉蝶成虫

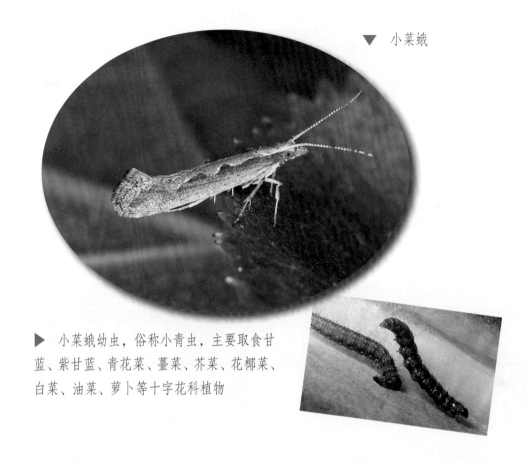

▼ 小菜蛾

▶ 小菜蛾幼虫，俗称小青虫，主要取食甘蓝、紫甘蓝、青花菜、薹菜、芥菜、花椰菜、白菜、油菜、萝卜等十字花科植物

▼ 家桑蚕，是以桑叶为食料的泌丝昆虫，它的茧丝可以织丝绸

▲ 蜂鸟蛾

▼ 柞蚕，喜食柞树叶，茧丝可缫丝，
用于织造柞丝绸

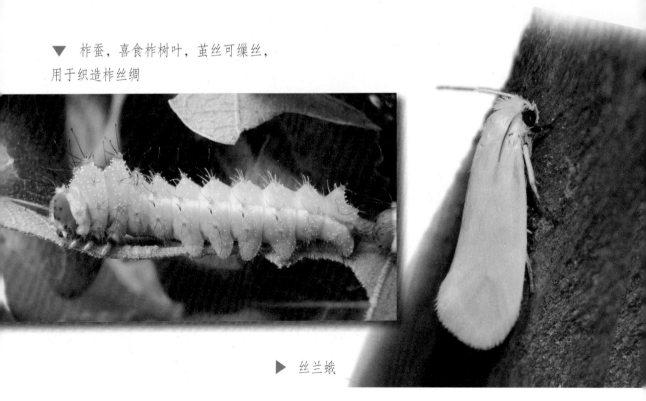

▶ 丝兰蛾

蝴蝶与蛾有什么区别？

蝴蝶与蛾的主要区别在于两者身体的形状，触角（触须）的结构，以及两者将前后翼合在一起作为一个整体时的方式。

蝴蝶的身体比蛾的身体修长，蛾的体形丰满、多毛。

大多数蝴蝶的触角末端有个棍棒状的突起，而大多数蛾的触角呈线状或羽状。

大多数蝴蝶在白天活动，而大多数蛾在傍晚或夜晚飞行。

蝴蝶停留时将翅膀竖立着，蛾停留时将翅膀平摊开来。

蝴蝶的蛹是裸露的，蛾的蛹通常有柔软光滑的茧包裹，或者埋藏在地下化蛹。

▼　蓝摩佛蝴蝶，是世界上最大的、色彩最鲜艳的蓝蝴蝶，生活在从委内瑞拉到巴西的热带雨林中

▲ 印度的皇蛾，翅展约 30 厘米

▲ 惜古比天蚕，最美丽的飞蛾之一，常见于大西洋至落基山脉，成虫不进食，幼虫以树叶为食

与其他昆虫一样，蝴蝶和飞蛾的身体组成部分分为三个部分：头部（包括触角、眼和嘴），胸部（包括心脏和其他器官，长着两对翅膀和三对腿），腹部（8～9 体节，包含有呼吸孔、消化器官和生殖器官）。

蝴蝶和蛾的嗅觉很发达，它们的嗅觉器官是触角，可能也会用于听觉。成虫有两个复眼；复眼由数千个六边形的小眼组成，就像小型的蜂巢一样。如果你近看蝴蝶的头部，你会看见两只大眼睛。蝴蝶和许多其他昆虫都长着复眼。科学家认为这种类型的眼睛对于观察物体的移动特别有利——这是蝴蝶的一个重要的能力，因为它面临很多天敌。

对于蝴蝶和大多数的蛾来说，嘴巴的主要部分是一根喙管。喙管是用来从花中吸取花蜜的。喙管不用的时候，卷曲在头下。蝴蝶吸食花蜜时，就伸展开喙管，如一根吸管。

蝴蝶和蛾的腿细长，只能用来爬行。

▲ 蝴蝶的头部　　　　　　　　　▲ 蝴蝶的身体

▼ 蝴蝶的喙管　　　　　　　　　▼ 蝴蝶的复眼

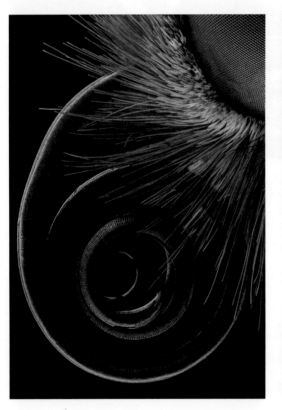

蝴蝶和蛾有两对翅膀——前翼和后翼，由膜组织组成。蝴蝶和蛾的闪亮的颜色是由它们翅膀鳞片上的红色、黄色、黑色和白色的天然色素造成的。许多蝴蝶的翅膀上面色彩鲜艳，下面色彩单调。当这些蝴蝶飞落的时候，它们就显露翅膀下面颜色单调的一面，和它们周围的环境混合在一起，从而来逃避天敌的捕食。

▶ 蝴蝶的腿

▼ 非洲"Cymothoes"红蝴蝶，是世界上最红的蝴蝶，主要生活在中非的雨林中

蝴蝶和蛾的生命要经过哪几个阶段？

蝴蝶和蛾是完全变态发育的昆虫，生命包括四个阶段：卵期、幼虫期或毛虫期、蛹期和成虫期。一只飞蛾由卵到毛虫，到蛹，再到成虫。

1. 卵期

雌性蝴蝶和蛾一般在树叶或树干上产卵，幼虫在卵里成长。其中许多卵会被蜘蛛、黄蜂和蚂蚁吃掉。

◀ 绢粉蝶的卵

◀ 斑点木蝶的卵

2. 幼虫期或毛虫期

从卵里孵化出来的幼虫（毛虫），身体分为头部、胸部和腹部；头部有 6 对单眼；胸部有 3 对腿，腿末端有 1 只爪子；腹部下侧有 5 对肉质的腿。当幼虫从卵里被孵化出来后，它马上吃掉了自己的卵壳，然后就寻找绿色植物来吃。因为吃得很多，幼虫很快长大，外皮包裹不住身体了。接着幼虫就开始蜕皮，它的皮肤完全裂开，像脱衣服似的蜕掉旧皮。它已经在自己蜕掉的外皮下长出了一层新皮。在成长的过程中，一条幼虫要蜕好几次皮。幼虫蜕皮的次数根据它们种类的不同而异，3 ~ 10 次不等。很多幼虫身体的颜色和形状会随着每次的蜕皮而改变。

▲ 黑脉金斑蝶的幼虫

◀ 银月豹凤蝶的幼虫

123

3. 蛹期

幼虫从卵里孵化出来，几周后开始进入蛹期。当幼虫完成进食和成长的时候，它就开始作茧了。首先，幼虫要找到一个安全的地方，在那里，它放置一些可以用来悬挂的丝状物质。然后幼虫再次蜕皮，变成一个蛹。不久，蛹的外壳变硬，化蛹的过程就结束了。在蛹期，蛹虽然并不活跃，但是它身体的结构起着变化。蝴蝶的蛹一般由一层称为蛹茧的坚硬的外皮来保护；蛾的蛹通常被裹在一个柔软光洁的茧里。茧是蝴蝶和蛾的幼虫在成蛹期间为了保护自己而吐丝纺造的。起初，蛹色泽明亮质地轻柔，但是，随着长时间暴露在空气中，蛹色泽变暗，变硬。蝴蝶的蛹有着各种各样的颜色，经常呈现出不规则的形状；蛾的蛹呈褐色，相对光滑。

▲ 君主斑蝶的蛹茧

▲ 天蚕（一种蛾）的茧

4. 成虫期

几个星期或几个月之后，蝴蝶的蛹茧或蛾的蛹裂开，成虫破茧而出，通常头最先出来。蝴蝶从蛹茧里破壳而出的时候，它的喙是由两部分组成的，新生的蝴蝶用前腿来拉合自己的喙。接着，成虫撑开充满空气和体液的皱褶的翅膀，使翅膀尽可能地舒展开来以变得干燥。这时蝴蝶可以飞翔了。大多数蝴蝶和蛾的成虫以花蜜为生，但是，有一些没有口器的蛾在成虫期是不吃东西的。蝴蝶或蛾的成虫的正常寿命从一周到几个月不等。不进食的飞蛾一般只能存活几天。

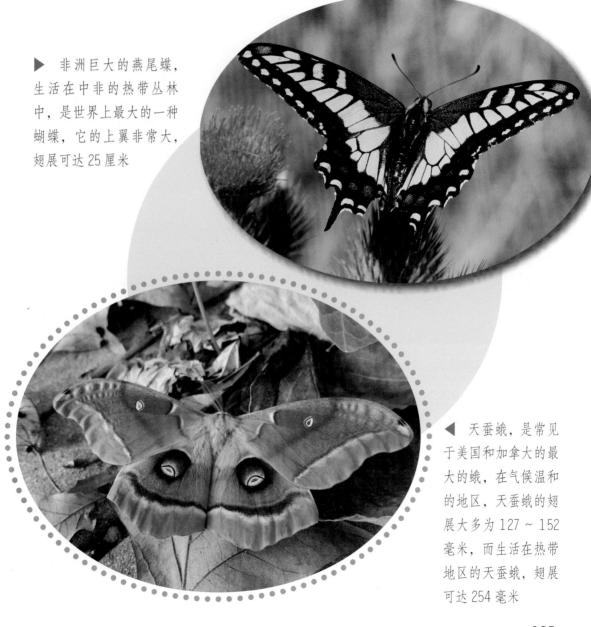

▶ 非洲巨大的燕尾蝶，生活在中非的热带丛林中，是世界上最大的一种蝴蝶，它的上翼非常大，翅展可达25厘米

◀ 天蚕蛾，是常见于美国和加拿大的最大的蛾，在气候温和的地区，天蚕蛾的翅展大多为127～152毫米，而生活在热带地区的天蚕蛾，翅展可达254毫米

蝴蝶和蛾是怎样过冬的？

冬天，蝴蝶和蛾都不见了。它们怎样度过严寒的冬季呢？蝴蝶和蛾过冬有这样几种方式：

1. 一些种类的蝴蝶和蛾在卵里过冬

线灰蝶以山杏为寄主，越冬卵产在休眠芽基部，这样隐藏了卵，而且在幼虫春天孵化出来时几乎原地不动就可以吃到鲜美的嫩芽。

▲ 线灰蝶的卵

野桑蚕的卵产在桑树的老皮上，再在卵面涂一层黏液，沾上一些被风刮来的细土，形成一层坚硬的保护物越冬。

2. 一些种类的蝴蝶和蛾的幼虫过冬

拟斑脉蛱蝶和大紫蛱蝶的幼虫秋末几乎不再进食，它们顺着树干爬到地面，钻进落叶层里越冬，到了春天寄主植物杉树发芽时，它们爬上树啃吃嫩叶。

▲ 大紫蛱蝶的幼虫

绢粉蝶的幼虫集成一群在树冠处合作织巢越冬。冬天在山桃树上经常可以发现它们的越冬巢。别看幼虫个头不大，凭借着集体的力量能够织出不小的巢，有时候会有很多幼虫集结在一个巢中。它们把织巢所用叶片的叶顶处和树干用厚厚的丝线粘起来，能够经得起很大的外力拉扯。

◀ 绢粉蝶的幼虫集成一群合作织巢

▲ 绢粉蝶的幼虫织成的巢

蛇眼蝶的幼虫在秋末经过将近一个月卵期，在即将入冬的时候从卵里钻出来，然后不吃不喝，趴在草叶上。它们的身长仅3毫米左右，但能够经受严寒的考验。

▲　蛇眼蝶的幼虫

水稻螟危害的部位靠近稻根，它们向下方钻洞，一直延伸到地下，用土温来保护自己，并用啃下来的碎屑和粪便塞住通往地面的洞口。

▲　水稻螟的幼虫

成熟的刺蛾幼虫吃饱了就爬到树梢上，找个有枝杈的地方，用吐出来的丝和黏液，加上身上的毛，做成一个硬茧，茧外面有不同颜色的花斑成为保护色，幼虫就在茧里面，蜷缩成一团度过寒冬。

▲ 刺蛾的幼虫

袋蛾（又名蓑蛾、避债蛾）幼虫从小就做了一个能遮风挡雨的袋子，躲在里面生活，好像穿着蓑衣一样。冬天到了，幼虫便拖着这个袋子，爬到墙壁或树干上找个避风的地方，身体缩到口袋里，吐丝把袋口封好，在袋子里面过冬。

▶ 袋蛾（又名蓑蛾、避债蛾）幼虫

松毛虫幼虫的身体上有一层密集的短毛，可作为抵抗寒冷的大衣。只要把身体略略收缩，使两侧的毛遮住腹部和足，用绒毛密集的背部作覆盖，便能度过冬天。

3. 一些种类的蝴蝶和蛾在蛹里过冬

一些种类的蝴蝶一年之中最后一代幼虫成熟后，便爬到墙壁、篱笆、树干和作物茎秆上，选择一个位置过冬。

▲　松毛虫幼虫

它们吐出丝来将尾部和所栖居的物体粘住，再吐出一根较粗的丝，从身体中间绕过去与所栖居的物体牵连在一起。它蜕下幼虫时期最后一次皮，变成一个包裹着一层厚外衣的蛹，就这样度过寒冬。

蛱蝶的幼虫吃饱以后，便爬到灌木丛中的枝条上。它们选择好适当的地点，吐丝将尾部与枝条牢牢地连在一起，使蛹在枝条上倒悬着，称为垂蛹。垂蛹好像一个枯萎的果实悬挂在枝条上，蛱蝶的幼虫就这样度过严寒的冬天。

▼　小红蛱蝶的蛹

大多数凤蝶都是在蛹里过冬的。第一代幼虫化蛹后大约一周就会羽化为成虫，它们不用过多地考虑隐藏自己，往往就在寄主植物周边化蛹。所以经常能在花椒树上找到柑橘凤蝶的绿色型蛹。而第二代幼虫要在蛹里过冬，有太多的危险等待着它，秋末找寻寄主昆虫准备产卵的寄生蜂、严冬里饥肠辘辘的鸟类都会把它当作美食，它必须想办法保护自己。想要在冬季找寻凤蝶的蛹，几乎是大海捞针。它们通常爬到离寄主植物很远的地方化蛹，在荒乱的杂草丛或是隐蔽的石缝中，既可以抵御严寒又可以躲避掠食者。它们完美的拟态几乎可以让它们在瞬间消失。为了配合冬日枯黄的颜色，凤蝶在化蛹的时候舍弃了鲜艳的绿色，它们更多地用土黄或是褐色来

▲　金凤蝶的蛹

打扮自己的蛹，柑橘凤蝶和金凤蝶甚至化出了和树皮纹理酷似的蛹。

大多数夜蛾类（如危害棉花的棉铃虫、危害蔬菜的甘蓝夜蛾、危害烟草的烟夜蛾）在它们一生中最后一代的幼虫老熟后，就在寄主植物附近入土，做一个简单的土房，蜕去幼虫的最后一次皮，变蛹过冬。

◀　甘蓝夜蛾的蛹

4. 一些种类的蝴蝶和蛾的成虫避风过冬

黄钩蛱蝶、白钩蛱蝶、孔雀蛱蝶、珠蛱蝶等在冬天找一处避风的地方，然后把足都蜷缩起来，收拢翅膀，让自身的活动量和能量消耗降低到最小程度。无风和太阳高照的时候它们也会出来，展平着翅膀沐浴阳光，吸收热量。

黄钩蛱蝶冬天收紧翅膀挂在枝干上不动，装扮成一片枯叶。夏天它们的翅膀反面是淡黄色，而冬天是深棕色，这样可以躲避天敌。秋末最后一代黄钩蛱蝶羽化出来后，便四处访花寻食，积蓄体内的能量。冬天到来，它们尽可能排出体内多余的水分，以免低温时体内结冰；虽然冬天它们体内新陈代谢缓慢，但还是需要消耗少量的水分来保持机体活力，为了使体内水分不枯竭，它们需要寻找一个相对潮湿和封闭的环境。

▲ 黄钩蛱蝶

5. 一些种类的蝴蝶和蛾的成虫冬眠过冬

秋天天气逐渐转凉的时候，丧服蛱蝶就开始寻找庇护所，在砖墙或者其他舒适场所的木头或小裂缝底下堆起一堆树叶，然后蜷伏在里面冬眠。冬天丧服蛱蝶能产生一种化学物质，来防止自己的体液结冰。冬去春来，天气渐渐变暖，丧服蛱蝶苏醒过来，开始颤抖。颤抖可以在蝴蝶体内产生热量。很快，丧服蛱蝶就可以飞走了。

◀ 丧服蛱蝶堆起一堆树叶，准备蜷伏在里面冬眠

6. 黑脉金斑蝶的成虫迁徙过冬

黑脉金斑蝶，俗称"帝王蝶"，在北美常见，是地球上唯一的迁徙性蝴蝶。它的幼虫取食有毒植物马利筋，将毒素积累在体内，使得其他动物不敢吃它。马利筋与黑脉金斑蝶同属亚热带物种，经过漫长进化，马利筋逐渐适应北方寒冷的气候，向北美地区扩展，黑脉金斑蝶也随之向北迁移。但是，黑脉金斑蝶无法忍受北美寒冷的冬季，于是进化出长途迁徙的本领。秋天马利筋枯黄时，黑脉金斑蝶往南迁徙；春天马利筋逐渐复苏时，黑脉金斑蝶重返北方。每年春暖花开时，黑脉金斑蝶开始从墨西哥往北方迁徙，迁徙途中它们会交配、产卵，然后死去。下一代孵化出来后，继续往北迁徙，总共需要 3 代蝴蝶，它们才能抵达加拿大及美国北部。黑脉金斑蝶每年 8 月至初霜向南迁徙，向南迁徙这一代蝴蝶的寿命长达 9 个月，是往北迁徙的那前几代的寿命的 3 倍。

▲ 黑脉金斑蝶在进食

▶ 黑脉金斑蝶的幼虫在进食

蝴蝶和蛾都是吃植物的吗？
有没有吃肉的蝴蝶和蛾？

在已知蝴蝶和蛾中，99%以上的种类是植食性的，取食各种植物，但是有一些种类，在幼虫期，不是植食性的，而是捕食性的。这些习性奇特的昆虫有一些属于灰蝶科。蚜灰蝶幼虫捕食蚜虫，蚧灰蝶幼虫捕食粉蚧，蚁灰蝶幼虫捕食幼蚁。

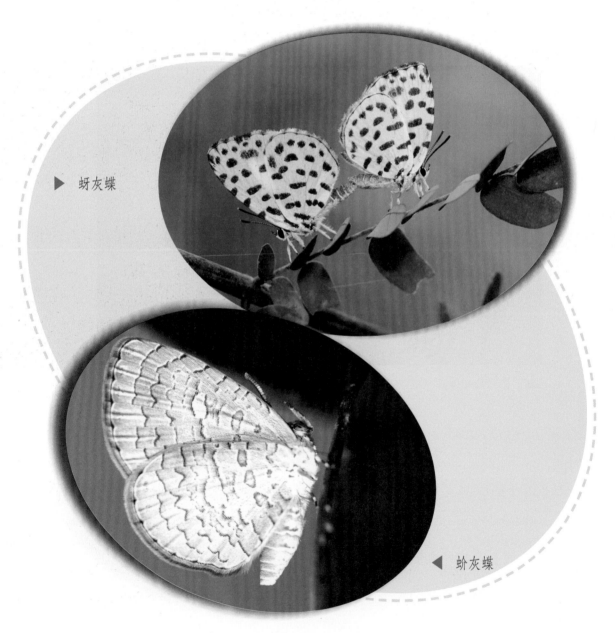

▶ 蚜灰蝶

◀ 蚧灰蝶

蚜灰蝶分布在陕西、浙江、福建、江西、山东、河南、广东、广西、海南、四川、云南、台湾等省份，个体较小，翅展23～26毫米。它一年可以繁殖多代，热带地区整年可见，北部地区以老熟幼虫越冬。成虫飞行缓慢，喜食蚜虫的蜜露，在竹林中最常见，产卵于竹叶背面的蚜群中，有时一叶上可见到多个白色纽扣形的卵。幼虫以捕食蚜虫为生，小幼虫吐丝，待在丝巢中，捕食被丝粘住的蚜虫，也取食棉蚜，它们是地地道道的肉食者。

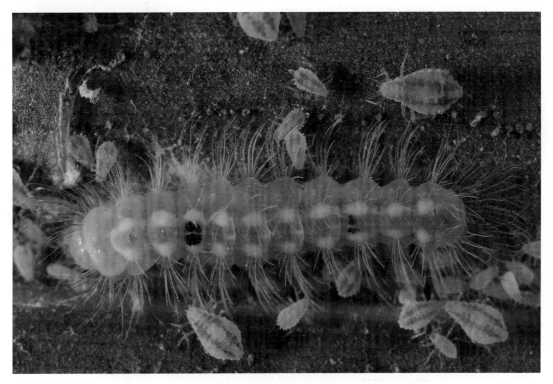

▲ 蚜灰蝶幼虫与蚜虫

蚁灰蝶的成虫访花，并在特定的植物上产卵，孵化的幼虫以花为食，2～3周后幼虫待在植物上，等待着被红蚁属（Myrmica）蚂蚁发现。它们的分泌物与蚂蚁的分泌物相近，工蚁会认为蚁灰蝶的幼虫是自己家族的，把它们运到蚁巢，放在幼蚁之中。捕食性蚁灰蝶的幼虫会爬到比较安全的蚁室，时不时回来捕食幼蚁；另一些寄生性蚁灰蝶的幼虫就待在幼蚁当中，工蚁把它们当做幼蚁喂养。显然，寄生性蚁灰蝶幼虫的策略更高明，平均每个蚁巢中，寄生性蚁灰蝶幼虫的数量可比捕食性蚁灰蝶幼虫的数量高出6倍，这是因为寄生性蚁灰蝶的绝技是能分泌与所寄生的蚁种同样的化学信息素。每一种寄生性蚁灰蝶只寄生一种红蚁；而捕食性蚁灰蝶不是很专一。科学家认为寄生性蚁灰蝶是从捕食性蚁灰蝶进化而来的。

拟蛾小灰蝶幼虫以树蚁幼虫为食。这种蝴蝶幼虫背面有橡皮艇状的坚韧的角质保护层，树蚁咬不动它，蚁酸也伤不到它，拟蛾小灰蝶幼虫就是专挑树蚁的蚁巢，身体分泌出模仿树蚁的信息素，然后一路冲进蚁巢最内部，专门吃树蚁的幼虫和卵，一段时间后就在树蚁巢旁化蛹，坚固的蛹壳也同样能抵御树蚁的进攻。等到发育成蝴蝶，破蛹而出时，树蚁也不会放弃这最后的报仇机会，但是无奈拟蛾小灰蝶成虫身上有一层厚厚的绒毛，树蚁只能咬到绒毛，却伤不着拟蛾小灰蝶分毫。

▲ 拟蛾小灰蝶的幼虫

▲ 上方是拟蛾小灰蝶幼虫，下方是树蚁的幼虫和成虫

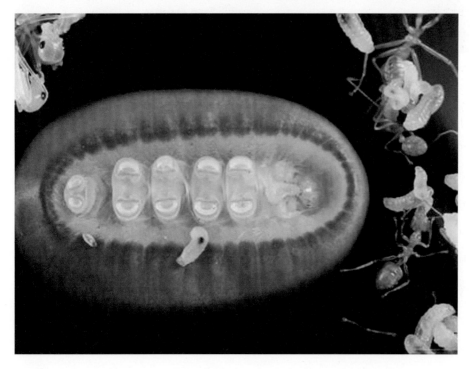

◀ 拟蛾小灰蝶幼虫腹面，右端为口部，正在抓住一只树蚁幼虫往嘴里送

▶ 尖蛾的幼虫吐丝缠住蜗牛，然后再把蜗牛吃掉

夏威夷群岛的尖蛾科有几种蛾的幼虫有捕食蜗牛的习性，它们会吐丝缠住蜗牛，然后再把蜗牛吃掉。

夏威夷群岛的森林里，发现了几种肉食性的球果尺蛾属（*Eupithecia*）昆虫的幼虫。球果尺蛾属包括1000多种蛾，其幼虫原来以植物为食。自1881年起，在夏威夷群岛上就有了球果尺蛾属蛾，它们的毛虫经历了一场最奇特的从吃素变为吃荤的进化转变。这是第一种被科学界发现的肉食性毛虫。这种食肉毛虫非常罕见，它拥有非凡的适应性特征，如坚固的外壳、诱人的气味和巧妙的伪装，以提高其杀伤力。

▼ 肉食性毛虫在树叶上倒过来，伪装成一根树枝

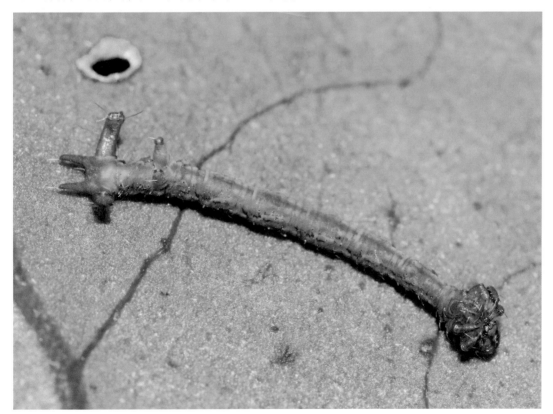

▲ 肉食性毛虫一动不动地像树枝上的一根树枝，等待着昆虫飞来

▲ 白蚁从树枝上走过去，触碰到肉食性毛虫身上的一根毫毛，毛虫闪电般抓住白蚁

◀ 白蚁的头部和胸部被肉食性毛虫的利爪抓住，毫无招架之力

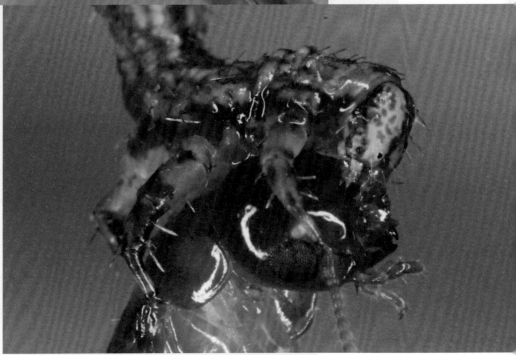

▲ 肉食性毛虫狼吞虎咽地啃咬白蚁的左眼睛

思考题

1. 你能说出多少种鳞翅目昆虫？

2. 蝴蝶的生长发育是哪一种变态类型？

膜翅目

■ 蜜蜂、胡蜂和蚂蚁属于哪个目？
膜翅目昆虫有什么特点？

　　膜翅目（Hymenoptera）是昆虫纲中的一个目，它的名字来自于其像膜一样的透明的翅膀，它包括各种蜂和蚂蚁。在全世界膜翅目已超过 12 万种，中国约有 5300 种。膜翅目广泛分布于世界各地，是昆虫纲中第三大的目（次于鞘翅目和鳞翅目），以热带和亚热带地区种类最多。根据腹部基部是否缢缩变细，分为广腰亚目和细腰亚目。广腰亚目是低等植食性类群，包括叶蜂、树蜂、茎蜂等类群。细腰亚目包括膜翅目的大部分种类，有蜜蜂、熊蜂、胡蜂、姬蜂和蚂蚁等种类，也有危害农作物的小麦叶蜂、梨实蜂等。

界：动物界 Animalia

门：节肢动物门 Arthropoda

纲：昆虫纲 Insecta

亚纲：有翅亚纲 Pterygota

下纲：新翅下纲 Neoptera

总目：内翅总目 Endopterygota

目：膜翅目 Hymenoptera

· 细腰亚目 Apocrita

· 广腰亚目 Symphyta

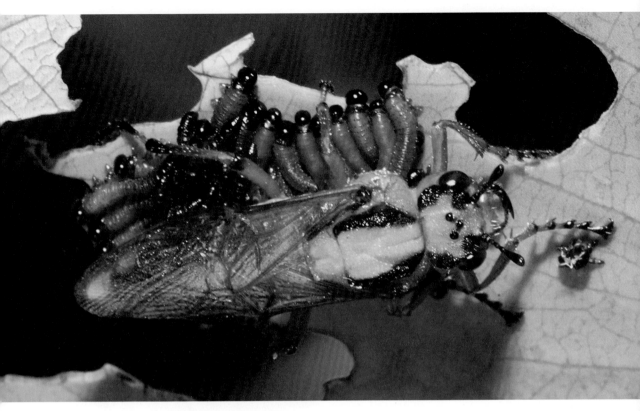

▲ 叶蜂和幼虫。叶蜂成虫体长3.8~14.0毫米，体阔，肥胖如蜜蜂

▲ 树蜂，体长超过14毫米，体狭长，圆筒形，暗色或金属色，末端有一肥胖的刺。雌蜂有一粗长的产卵管，卵产在森林树木的树皮下、树皮罅隙或木质部中

▲ 茎蜂，体细长，体色常为黑色而有黄带及其他斑纹，头大，触角丝状，蛀食作物茎干

熊蜂，个体大，体态似熊，形似蜜蜂，浑身绒毛，有较长的吻，对一些深冠管花朵的授粉特别有效

▶ 红尾胡蜂。胡蜂体细，黄色及红黑色，有黑色及褐色斑点及条带。胡蜂常采集花蜜或捕捉其他虫类，喂食幼蜂，成虫主要捕食鳞翅目幼虫，也取食果汁及嫩叶等

▼ 胡蜂窝。胡蜂夏季在屋檐下及树枝等处筑椭圆形的巢，巢由密集的六角房构成

▲ 一种寄生于舞毒蛾毛虫的寄生蜂在毛虫身上产卵

◀ 非洲雨林中的一种蚂蚁，长 15～20 毫米。蚂蚁是社会性群体，内部分工有蚁后、雌蚁、雄蚁、工蚁、兵蚁。蚂蚁是数量最多的一类昆虫，据估计，世界上已知的蚂蚁约有 11700 种

▲ 蚂蚁守护它的蚜虫。蚂蚁喜欢吃蚜虫的粪便——蜜露，蚜虫是蚂蚁的"奶牛"。蚂蚁保护蚜虫不受天敌的攻击

▼ 大多数膜翅目昆虫有2个大的复眼和3个小的单眼

膜翅目昆虫的体长从0.25～7厘米不等，最大的翅展达10厘米，小的膜翅目的昆虫的翅展只有1毫米，是昆虫中最小的。一般膜翅目昆虫拥有2个透明的、膜一般薄的翅膀，翅膀上的脉将每个翅膀分为面积比较大的格。有些膜翅目昆虫的翅膀完全退化了（比如蚂蚁中的工蚁）。飞行时膜翅目昆虫的两个翅膀一般同步运动。大多数膜翅目昆虫有2个大的复眼和3个小的单眼。一般膜翅目昆虫的口器为

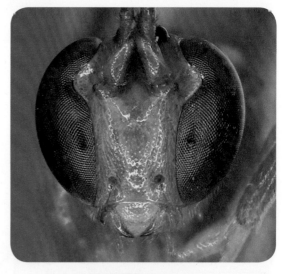

咀嚼式，但也有一些膜翅目昆虫的嘴为舐吸式，比如蜜蜂。腹部第1节多向前并入胸部，常与第2腹节形成细腰。昆虫腹部的各体节称为腹节。腹部是昆虫体躯的第三体段，是代谢和生殖中心。膜翅目是全变态类昆虫中唯一有产卵管的昆虫，许多膜翅目昆虫的产卵管变异为一根毒针。

▲ 孤雌生殖——雌蚜虫不需雄性精子就能生出雄性小蚜虫

　　膜翅目属于完全变态发育的昆虫，经历卵、幼虫、蛹、成虫四阶段。膜翅目雄虫一般由没有经过受精的卵孵化而成，即孤雌生殖，雌虫由受精卵孵化而成。孤雌生殖也称单性生殖，即卵不经过受精也能发育成正常的新个体。

　　膜翅目昆虫为植食性或寄生性，包括各种蚁和蜂；也有肉食性的，如胡蜂等。部分种类营合群生活，是昆虫中最进化的类群。膜翅目常见的有蜜蜂、蚂蚁、胡蜂、姬蜂、小蜂、叶蜂等。除叶蜂类危害植物外，大多数种类为有益昆虫，是资源昆虫、传粉昆虫和天敌昆虫，具有极大的经济意义。

▲ 胡蜂吸食苍蝇的体液。胡蜂常常先用异常长的上唇吸猎物的体液，然后再吃猎物的躯体

▲ 一只蜜蜂在欧洲山茱萸花上采蜜。蜜蜂采花粉时，会掉落一些花粉到花上，造成植物的异花传粉

◀ 一窝蜜蜂。蜜蜂是群居昆虫，体长8~20毫米，黄褐色或黑褐色，生有密毛，头与胸几乎同样宽。蜜蜂过着一种母系氏族生活，有一个蜂王（蜂后），它是具有生殖能力的雌蜂，负责产卵繁殖后代，同时"统治"这个大家族

▶ 蚂蚁吃蝉。肉食性蚂蚁喜食昆虫

▼ 巨型褶翅小蜂。褶翅小蜂以散居蜜蜂幼虫为寄主，寄生在寄主巢穴

▲ 非洲坦桑尼亚的姬蜂在交尾，每只长5毫米。姬蜂能产两种卵，一种是受精卵，产在个体较大的寄主体上，孵化的是雌幼虫；另一种是未受精卵，产在个体小的寄主身上，孵化的是雄幼虫。姬蜂幼虫时期在其他昆虫的幼虫或蜘蛛等体内生活，以吸取这些寄主体内的营养，满足自己生长发育的需要

蜂群内部分工为哪几种蜂？蜂王、雄蜂和工蜂的职能是什么？

蜜蜂是社会性昆虫，群居生活。群体中的成员分为三种：蜂王、雄蜂和工蜂。群体中有一只蜂王（有些例外情形有两只蜂后），1万～15万只工蜂，500～1500只雄蜂。

社会性昆虫的特点是，由不同世代个体组成，群体生活，成员间分工协作，共同完成群体的工作。

▲ 蜂王（中）、雄蜂（左）和工蜂（右）

1. 蜂王

蜂王是发育完全的雌蜂，它的职能是产卵、繁殖后代。蜂王的体型细长，比工蜂大得多。蜂王与雄蜂交配一次后可以终身产卵。蜂王在春天和花期前后产卵量最高，一昼夜可产2000～3000个卵。蜂王分泌的蜂王物质，可以抑制工蜂的卵巢发育，并且影响巢内工蜂的行为。蜂王物质通过工蜂在蜂巢内传递，使工蜂能够知道蜂王是否在蜂巢里。如果蜂王不在蜂巢里，经过几十分钟，蜂群的秩序就会受到严重的影响，工蜂就会骚动，这时如果给失去蜂王的蜂群引入一只蜂王或者放置一只王台（即工蜂为培育蜂王建造的巢房），蜂群就会停止骚动，恢复正常。蜂王的寿命一般为3～5年，最长的可活8～9年。

蜂王是怎样产生的呢？一个蜂巢里可能有不止一个王台，就是说，"候选蜂王"不止

▲ 蜂王(中间体型最大者)

一只。最先破蛹而出的蜂王会杀死未咬破蛹的蜂王。如果两只"候选蜂王"同时咬破蛹而出，就使用螫针拼死决斗，胜者做新蜂王，败者被杀死。

蜂王产的卵分为受精卵和非受精卵，受精卵将来发育成雌蜂，非受精卵发育成雄蜂。卵一般产下第3天就发育成幼虫，这时由工蜂喂食。幼虫长到6天，工蜂用蜡封闭巢房的洞口，幼虫开始吐丝作茧，2天后开始化蛹，再过10天左右，幼虫咬破巢房的封盖就羽化成蜜蜂成虫。

2. 雄蜂

雄蜂是由未受精卵发育而成的，其唯一职责是与蜂王交尾。雄蜂寿命较短，只能活几个月，它们不采花粉，也不喂养幼蜂。蜂群繁殖旺期，工蜂也对雄蜂进行饲喂，但是当外界蜜源稀少的时候，工蜂就把雄蜂从蜂巢赶出。由于雄蜂不能采蜜，也不能自卫，离开蜂群后，

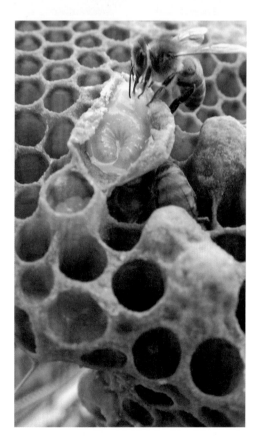

▲ 一个打开的王台,工蜂给"候选蜂王"幼虫喂饲蜂王浆

▲ 雄蜂

很快就会死亡。

蜂王的择偶是通过"婚飞"进行的。"婚飞"时蜂王从巢中飞出，蜂群中所有的雄蜂紧跟追逐，只有飞在最前面、追上蜂王那只雄蜂才能与蜂王交尾，交尾后这只雄蜂的生殖器脱落在蜂王的生殖器中，这只雄蜂随即死亡。

3. 工蜂

工蜂与蜂王一样，也是由受精卵发育成的雌蜂，只是发育不完全。工蜂幼虫得到的照料不如蜂王幼虫，保育工蜂仅在它们孵化后的头三天饲喂蜂王浆，从第4天起就只饲喂蜂蜜花粉混合饲料。蜂蜜花粉混合饲料的营养不如蜂王浆，而且缺乏促进卵巢发育的生物激素。因此，工蜂的生殖器官发育受到抑制，羽化为成蜂后，失去了正常的生殖机能。

▲ 工蜂

工蜂的寿命一般是 30 ~ 60 天。在北方的越冬期，工蜂较少活动，并且没有参加哺育幼虫的越冬工蜂可以活到 5 ~ 6 个月。每个蜂群的工蜂数量影响到蜂群的兴盛。

工蜂是一切劳动的承担者，随着其各种器官生理机能的转变，按年龄段承担采蜜、酿蜜、采粉，哺育幼蜂、饲喂蜂王、筑巢、保卫和清理蜂巢等工作。

工蜂担负各项不同的工作时，其身体器官也随着工作不同而变化。工蜂出生后，第 1 ~ 2 天，主要清理蜂巢，为蜂王产卵做准备。第 3 天起，工蜂头部的乳腺发育，分泌出蜂王浆喂养蜂王和幼虫。第 6 天起，工蜂清理蜂巢里的废物和蜜蜂尸体，储存花粉，酿造蜂蜜；还调节蜂巢温度，它们一起扇动翅膀使蜂巢内温度保持在 34℃，相对湿度为 60%。第 12 天，工蜂腹部发育出 8 个蜂蜡腺体，它们先借助带毛刷的后腿从蜡腺体抓取蜡片，用嘴把蜡片咀嚼成蜡球，再用大颚碾压成六角形蜂房。第 19 天起，工蜂担任哨兵，守卫在蜂巢入口。第 20 天后，工蜂进入成年期，外出采集花蜜、花粉，采蜜时用管状的嘴把花蜜吸到蜜囊中，花蜜在蜜囊里被酿成蜂蜜。花蜜的主要成分是蔗糖，在酿蜜过程中，蔗糖转化为果糖和葡萄糖，除去多余的水分，就成为蜂蜜。蜂蜜的滋味和色泽取决于工蜂所采的花。工蜂回蜂巢后，将蜂蜜吐到六角形蜂房里。

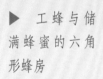

▶ 工蜂与储满蜂蜜的六角形蜂房

一只工蜂在没有负荷时，每分钟可飞行 1 千米。工蜂一般在距蜂巢 2 千米半径内活动。因为工蜂不能飞得太远，又为了让其采集效率提升，所以养蜂人常常要放蜂，就是携带蜂箱来到花地附近，让工蜂能就近采蜜。一只工蜂飞出一次，能采回约 35 ~ 40 毫克花蜜或 20 毫克的花粉。每只工蜂每天可飞出 10 ~ 20 次，如果蜂巢离花地近，则飞出的次数还要多。通常情况下，荆条流蜜期，1 万只工蜂可采到约 10 千克蜂蜜；在荞麦流蜜期，1 万只工蜂可采到约 20 千克蜂蜜。

■工蜂找到蜜源后，回蜂巢是怎样"报告"蜜源位置的？圆圈舞和摆尾舞表达什么信息？

工蜂的"大部队"离开蜂巢采蜜前，先派出一些工蜂"侦察员"去寻找蜜源。这些"侦察员"一旦发现可以采蜜的花卉，就会采集花蜜和花粉，并飞回蜂巢"报告"蜜源位置，还以附在身上的花粉告知食物的种类，通知"大部队"去采蜜。

◀ 蜜蜂在为蒲公英授粉

工蜂"侦察员"用舞蹈来传递蜜源的距离和方向信息。

圆圈舞表示蜜源离蜂巢很近，一般在 45 米范围之内。"侦察员"在六角形蜂房上密集的蜂群当中，连续地跳圆圈舞，就是交替向左或向右转着小圆圈，最后飞出蜂巢，其他工蜂跟随去采蜜。

摆尾舞（又叫 8 字舞）表示蜜源距离大约在 90 ~ 5000 米范围之间。"侦察员"在六角形蜂房上密集的蜂群当中，先往左（或右）转一个小圈，转回原地，再往反方向转一个小圈，轨迹为 ∞ 字形，跳舞时急剧地摆动腹部。

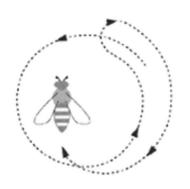

◀ 工蜂的圆圈舞（左）和摆尾舞（右）

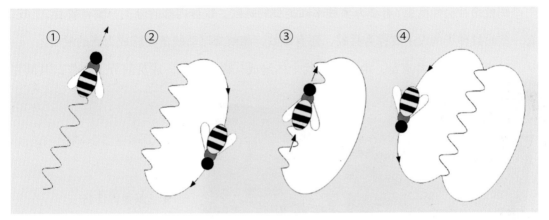

▲ 工蜂的摆尾舞的分解动作

　　"侦察员"用舞蹈动作的快慢表示蜜源的距离。距离越近，舞蹈时转弯越急、爬行越快；距离越远，舞蹈时转弯越缓，爬行越慢。

　　"侦察员"的舞蹈动作还能指示蜜源的方向。蜜蜂是通过太阳、蜜源和蜂巢的位置来定位的。工蜂跳舞时，如果头朝太阳方向，表示蜜源在太阳的方向。工蜂跳舞时，如果头向下垂，背着太阳的方向，则表示蜜源在太阳的相反方向。工蜂跳舞时，如果头部与太阳方向偏左形成一定的角，表示蜜源在太阳方向左侧的相应夹角处。"侦察员"跳舞时，会激发周围的许多工蜂都跟随起舞，从而使更多的工蜂获得蜜源的信息。

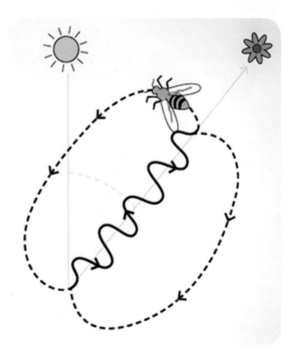

▲ 工蜂的舞蹈动作能指示蜜源的方向

蚁群内部分工为哪几种蚁？
蚁后、工蚁、雄蚁和
兵蚁的职能是什么？

　　蚂蚁是社会性昆虫，有2万多种不同类型的蚂蚁。蚁群内部的分工一般有蚁后、工蚁，有一些蚂蚁种类的大工蚁称为兵蚁，还有雄蚁，雌蚁交尾后脱落翅膀成为新的蚁后。

　　社会性昆虫的特点是，由不同世代个体组成，群体生活，成员间分工协作，共同完成群体的工作。

◀ 蚁巢的结构

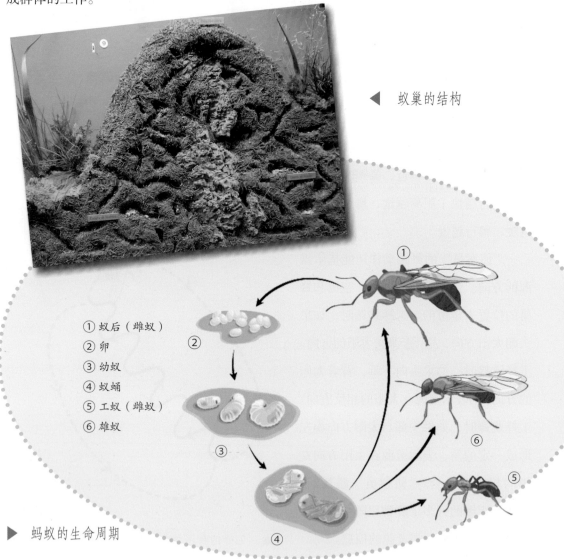

① 蚁后（雌蚁）
② 卵
③ 幼蚁
④ 蚁蛹
⑤ 工蚁（雌蚁）
⑥ 雄蚁

▶ 蚂蚁的生命周期

蚁后是发育完全的、有生殖能力的雌蚁，体型最大，职责是产卵、繁殖、管理蚁群。有的蚁后可存活 15 年以上。一般种类蚂蚁的蚁后总在持续不停地产卵。生活在西非的威氏行军蚁，其蚁群规模可达 200 万～2000 万只，蚁后一个月能产卵 400 万个。有的种类蚂蚁，蚁群中有多个蚁后。

▲ 一只蚁后

蚁后产的卵有 3 种，只有几个受精卵能发育成蚁后，绝大多数受精卵将发育成工蚁，没有受精的卵将发育成雄蚁。例如，一种行军蚁的蚁后在一次休息期（两三周）内，能产 25 万个卵，其中 6 个左右受精卵将发育成新蚁后，其中 1000 多个未受精卵将发育成雄蚁，其他的受精卵将发育成工蚁。

工蚁，是发育不完全的雌蚁，其体型一般最小，但是数量最多，没有生殖能力，职责是建造蚁巢、清洁蚁巢、采集食物、照顾蚁卵、饲喂幼蚁和蚁后等。有的工蚁可以存活 7 年。

▶ 工蚁在建造蚁巢

兵蚁实际上是大体型的工蚁，头大，上颚发达，可以咬碎坚硬的食物，战斗力强，其职责是保卫蚁巢、保护蚁群，以及攻击天敌和其他蚁群。

雄蚁的职责是与蚁后交配，交配后不久就死去。

▲ 兵蚁（体型最大者）和工蚁

▼ 木工蚁的雄蚁

有没有会培育真菌的蚂蚁？
什么是切叶蚁？

在南美洲热带森林里，人们会见到一群蚂蚁衔着小片树叶，飞快地行走，这就是培育真菌的蚂蚁"农夫"——切叶蚁。地球上有 30 多种切叶蚁分布在中美洲和南美洲地区。早在 5000 万年前，切叶蚁就发明了真菌培育技术，这比人类从事农业要早得多。切叶蚁从植物上切下叶子、花瓣或者其他的部分，运回蚁巢，用来培育真菌。切叶蚁用长出的真菌喂养幼虫。切叶蚁成虫主要是吸食被它们切碎的叶片的汁液。农作物的驯化、种植大大增加了食物来源，使得人类种群扩张和增长，同样，切叶蚁培育真菌使切叶蚁的蚁群大小增加了几个数量级，一个切叶蚁群体能达到百万个蚂蚁。切叶蚁控制了热带雨林，每个蚁群每年大约需要使用 500 千克植物原料，用来培育真菌。

切叶蚁和其他蚂蚁一样，蚁群分工为蚁后、工蚁和兵蚁，它们的形态有差异。蚁后的体型最大，腹部膨大。工蚁的体型最小，上颚、触角和 3 对足都很发达。兵蚁的头部很大，

▼ 切叶蚁

上颚发达，可以作为战斗武器。

探路的工蚁发现了合适的植物，就会在路径上留下气味信息，然后回去召集同伴。工蚁负责切割树叶，它们快速地振动尾部使牙齿产生电锯般的切割力，把叶子切成小块，然后将切好的叶片衔回地下蚁巢。切下一片叶子的工蚁背着自己的"劳动成果"回到蚁巢去，它们每分钟能行走180米，比人的步行速度略快。

切割叶片是一项艰巨的工作，拥有尖锐牙齿的年轻工蚁做起切叶子的工作更有效率，随着它们逐渐长大，牙齿由于磨损会变得不太适合切叶子。这些蚂蚁并不是就此"退休"或者被蚁群遗弃，而是被安排一个更适合它们身体能力的新工作——将收获的树叶食物运回地下蚁巢。

切叶蚁工蚁外出收集叶子时，会被一些寄生蝇攻击，寄生蝇会在切叶蚁的头里产卵，卵孵化出来的蛆会在内部吃掉切叶蚁的头。所以一些小型工蚁会跑到正在搬运的叶片上"搭顺风车"，防止非常小的寄生蝇攻击正在劳动的中型工蚁。在"搭顺风车"的过程中，小型工蚁还会在叶片上分泌链霉素，以防止叶片被霉菌污染，它们有时候会吸上几口树叶汁作为外快。

树叶运回蚁巢后，由另一种体型很小的工蚁——"园丁蚁"负责培育真菌。树叶经过"园丁蚁"的清洁和整理，被一排排堆起来。随后，"园丁蚁"将自身的分泌物涂抹在叶片上，这些分泌物富含多种酶类，能使叶片表面形成黏液层。黏液层富含多种营养物质，是真菌的培养基。"园丁蚁"在黏液层"播种"少量自己培育的真菌。

就像种植庄稼一样，真菌播种之后还需经过除草、施肥、喷药等精心的照料才能有好的收成。接下来是真菌菌丝的生长阶段，"园丁蚁"将自己的粪便作为肥料喷洒在叶片上；菌丝的生长速度很快，真菌在几天内就会钻出叶浆，慢慢长大。真菌顶部

▼ 寄生蝇在蚁巢旁边等待时机，以便在切叶蚁头里产卵

▲ 切叶蚁培育真菌

会分泌出黏液，黏液中富含各种营养，切叶蚁会来到这里吸吮黏液；释放出表层黏液后，真菌顶部慢慢地变硬，那里含有多种蛋白质，这是切叶蚁幼虫的营养食品。

切叶蚁兵蚁非常警惕地守卫真菌园地，分秒不敢离开，生怕外来蚂蚁偷窃真菌。一旦发现入侵者，兵蚁勇猛异常，与入侵者展开殊死搏斗。切叶蚁兵蚁是圭亚那印第安土著医生做缝合手术时的好帮手，土著医生先将病人的伤口对准合拢，然后捏着兵蚁用其双颚在伤口处咬合，然后剪去蚁身，留下的蚁头就会将伤口缝合得紧密无缝。

蚁巢内的环境是非常适宜真菌生长的，但是也为其他杂菌的生长提供了有利条件。在真菌的培育过程中，切叶蚁面对两个难题，其一是怎样保证培育的真菌不被其他杂菌污染；其二就是怎样保护自身不被细菌或真菌感染。

为了避免杂菌污染培育的真菌，切叶蚁的嘴巴和前肢上进化出许多细小的腺窝，腺窝中生活着一种能产生链霉素的寄生菌；这些腺窝有通向切叶蚁身体外部的细小孔道，从而将链霉素分泌在菌丝周围，使用链霉素来杀死杂菌。如果分泌的链霉素不能将杂菌全部杀死，切叶蚁会将被杂菌污染的真菌挑出，丢弃到远离蚁巢的地方。

切叶蚁虽然被各类病原菌所包围，但令人惊讶的是它们身上竟然没有任何病菌存在。原来，切叶蚁的体表有一种假诺卡氏菌属的细菌"共生"，一旦切叶蚁被病原菌侵入，这种假诺卡氏菌属的细菌就会分泌抗生素，从而帮助切叶蚁抵抗入侵的病原菌和霉菌。

蚂蚁和蚜虫是什么关系？
蚜虫是蚂蚁饲养的"奶牛"吗？

　　蚂蚁和蚜虫之间存在一种共生关系，蚂蚁是蚜虫的保护者和受益者。蚜虫分泌一种甜的液体，称为蜜露，它们在从植物中吸食汁液的过程中从肛门分泌出蜜露。蜜露可以提供高能量的食物来源。蚂蚁都喜欢吃甜的食物，蜜露是蚂蚁的美食，所以哪里有蚜虫，蚂蚁就会来吸食蜜露，蚜虫好像是蚂蚁的"奶牛"。但是蚜虫并不是蚂蚁饲养、繁殖、放牧的，蚂蚁和蚜虫之间是一种共生关系，与奶牛等家畜与人类之间的驯养关系不一样。蚂蚁想吃蜜露时，用触角敲打蚜虫的"屁股"，蚜虫会分泌蜜露。蚂蚁反过来又把捕食者赶走，并将蚜虫转移到更好的觅食地点。当蚁群迁移到一个新的区域时，蚁群会带着蚜虫一起搬迁，以确保蚁群在新"家"附近有足够的蜜露享用。秋末冬初，蚜虫产下卵，蚂蚁怕它们冻死，就把蚜虫和卵搬到蚂蚁窝里过冬。蚂蚁怕蚜虫卵受潮，影响孵化，在天晴时，还要把蚜虫卵搬出窝来晒太阳。下一年春天，小蚜虫孵出来了，蚂蚁就把小蚜虫搬到早发的树木和草上，以及苣荬菜、蒲公英和花椒树的嫩叶上。

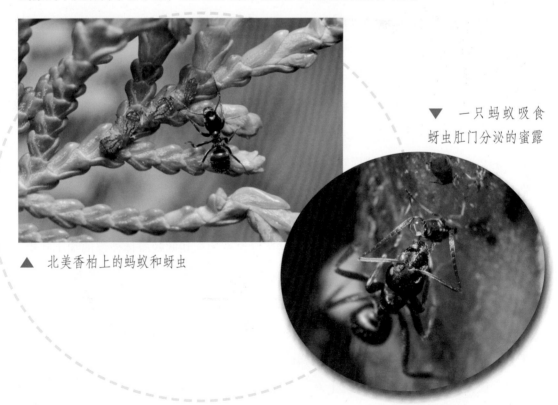

　　▼　一只蚂蚁吸食蚜虫肛门分泌的蜜露

　　▲　北美香柏上的蚂蚁和蚜虫

蚜虫的天敌很多，有瓢虫、食蚜蝇、寄生蜂、食蚜瘿蚊、蚜狮、蟹蛛和草蛉等。当天敌来到，蚜虫的腹部尾端就放出一种特殊味道的液体，并纷纷逃走，有的蚜虫会掉落在地上。而蚂蚁闻到蚜虫的这种特殊味道的液体后，就向蚜虫的天敌扑来，尽力把天敌赶走，并把蚜虫转移到更安全的觅食地点。如果蚜虫看到蚂蚁在场，就会依靠蚂蚁的保护，等待着危险过去。科学家的研究发现，蚂蚁分泌的化学物质能抑制蚜虫翅膀的生长，以免蚜虫飞走或被风吹走。此外，蚂蚁爬过留下的含有化学物质的"足迹"，也能够调节蚜虫种群的数量。

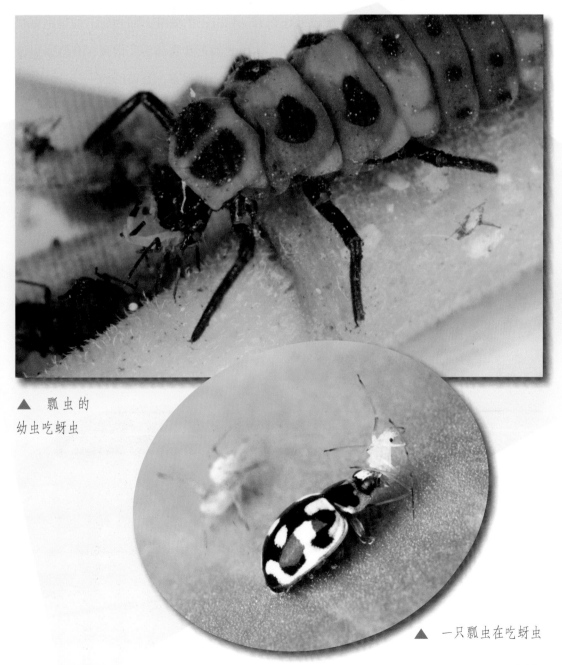

▲ 瓢虫的
幼虫吃蚜虫

▲ 一只瓢虫在吃蚜虫

什么是蜜罐蚂蚁？
蜜罐蚂蚁可以吃吗？

蜜罐蚂蚁是蜜蚁的俗称。世界上至少有6种蜜罐蚂蚁，生活在北美、澳大利亚及非洲，它们把自己的身体当作储蜜的仓库。

蚁群里的其他工蚁外出收集花蜜以及植物和动物分泌的蜜液，回到地下的巢室里喂饲蜜蚁。蜜蚁体内灌满蜜液，腹部像个圆球，体积胀到正常腹部的几倍大，有些胀得像一粒葡萄那样大。蜜蚁用来储蜜的器官实际上是一个消化器官，是前肠的一部分，能迅速胀大成一个圆球。

在地下巢室里，一群蜜蚁头朝下、脚朝上地倒挂在圆拱形巢室的顶部，有时会倒挂长达几个月。假如个别蜜蚁从巢室的顶部掉下来，它挣扎着但是无法移动身体，其他工蚁并不上前帮助，坐视蜜蚁死去。蜜蚁死后，工蚁绝不会食用死蜜蚁肚子里的蜜，只是把它抬走丢弃。

◀ 工蚁在喂饲蜜蚁

▶ 蜜蚁倒挂在巢室里，下面是工蚁

蚁群把蜜蚁当作食品仓库，当食物匮乏时，同伴们就会从蜜蚁身上吸取营养。对于生活在沙漠等干旱环境的蚂蚁种群来说，食物的储备极其重要。蜜蚁的数量大约占整个蚁群的 20% 以上。当需要吃蜜液时，工蚁会敲击蜜蚁的触须，蜜蚁就会把蜜罐内储存的蜜液反刍出来。暗琥珀色蜜蚁储存的蜜液富含葡萄糖、果糖和微量蔗糖，而透明蜜蚁储存的蜜液的浓度要低一些，其组成成分主要是糖和水分。蜜蚁的贮蜜是蚁群的后备食物，蚁群平时以死亡的昆虫和其他节肢动物为食，偶尔也攻击小型昆虫（如白蚁等），捕捉后去喂养幼蚁。

蜜蚁通常由刚孵化两周的工蚁发育而成的。科学家发现，在将蜜蚁移走后，蚁群里长得最大的工蚁便会被选定，立即转变成蜜蚁。当蜜蚁身体完全胀大后，会因为通不过巢室里狭窄的通道而被终身"禁闭"在巢室内。

北美土著居民有食用蜜蚁的习俗，阿兹特克人挖出蜜蚁后，先将蜜蚁夹在两个手指头之间，然后用牙咬破它那胀鼓鼓的大肚子，吸食蜜液。蜜蚁的蜜液味道尝起来有点儿像甘蔗，夹杂着蚁酸味。

在澳大利亚土著文化中，蜜蚁是一种图腾动物，每年还举行收获蜜蚁的庆典。蜜蚁也是澳大利亚土著居民日常饮食的一部分，他们不但直接食用蜜蚁，还把蜜蚁的蜜液添加到香饼里增加甜度，或者用来做甜面包。他们将蜜蚁的蜜液涂抹在食物上用于治疗疾病，还使用蜜蚁制作酒精饮料。

▼ 蜜蚁是土著居民的美食

奇猛蚁是怎样猎食毛马陆的?

生活在南美洲的奇猛蚁,大颚上两面各长着3根长尖刺,闭合时,准能把对手捅6个洞。这般可怕的武器用来对付谁?

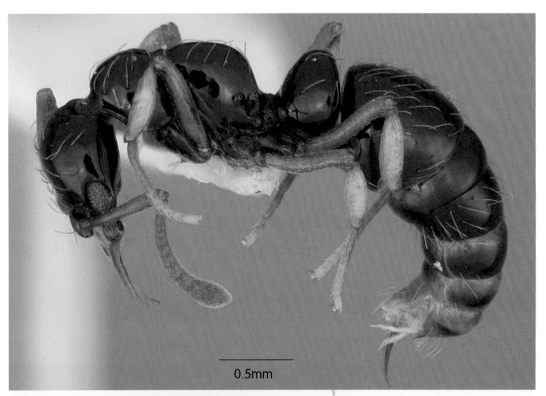

0.5mm

▲ 奇猛蚁

0.5mm

◀ 奇猛蚁头部

有一种怪异的节肢动物叫毛马陆，体长不到 7 毫米，腿不超过 34 条，全身长满比较硬的毛。尾巴上的毛特别长，毛的末端还长着倒钩。遇到天敌，毛马陆就举起尾巴顶将过去。尾巴毛上的倒钩勾住敌人的头部、口部，接下来毛马陆身上的毛大量脱落，毛与倒钩缠成一团，敌人被毛马陆的毛团缠住，难以应付，只得败退。但这一招奈何不得奇猛蚁，奇猛蚁张开大颚，用长长的尖刺穿透毛马陆的毛团，刺进毛马陆身体，毛马陆被 6 根尖刺穿透身体，挣扎着慢慢地死去。奇猛蚁叉着毛马陆回蚁巢，用 2 只前爪把毛马陆全身的毛刮除干净，然后把毛马陆吃掉。

▲　毛马陆

▼　奇猛蚁吃毛马陆的步骤

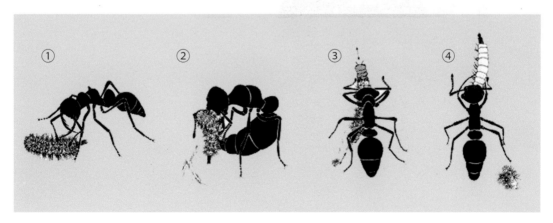

行军蚁能吃掉活的狮子、蟒蛇吗？

据说，亚马孙热带雨林里的行军蚁，遇到什么吃什么，狮子、蟒蛇都被吃得剩下一具骨架。真是太可怕了！这是事实吗？

行军蚁，又叫军团蚁，分布在南美洲和非洲的热带雨林里，主要生活在亚马孙河流域。行军蚁与其他种类蚂蚁不同，不会筑巢，从一出生就在不断地移动、发现猎物、吃掉猎物和搬运猎物。一个行军蚁群体有100万~200万只蚂蚁。

行军蚁是杂食性的，主要捕食蜘蛛、马陆、蜈蚣和其他昆虫等，有时还吃蜥蜴、蛇和雏鸟。行军蚁的颚非常有力，咬力强劲。行军蚁捕食时，集体行动，小组协作捕食。它们排成规则的纵队前进，包抄并围攻猎物，用颚把猎物撕碎，把猎物吃完，如果吃不完就带走。行军时，体型较大的行军蚁会站在队列旁保护大部队。人如果被行军蚁咬到，会因为它的毒性而痛好几天。

▼ 行军蚁在行军

▲ 行军蚁攻击一只蝗虫

▼ 大个子行军蚁保护队列

非洲有的部族居民会用行军蚁缝合伤口，他们让行军蚁的颚咬住伤口边缘的皮肤，再把行军蚁的头拔掉，让伤口缝合。

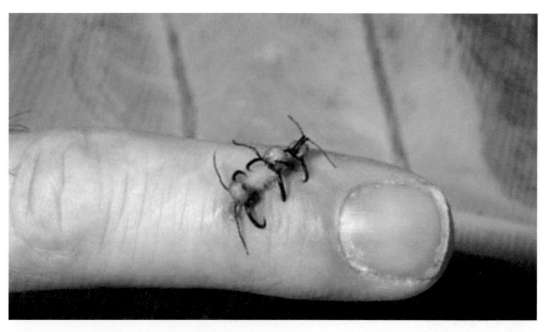

▲　用行军蚁缝合伤口

南美洲的一种叫做布氏游蚁的行军蚁通常在一个地方定居两三个星期，然后再花两三个星期迁往下一个地方。布氏游蚁的宿营地驻扎在树干上。天亮后，布氏游蚁的大军就排成几十米长的纵队离开宿营地，纵队前端成树冠状散开，形成宽达 15 米的巨大扇形，包围、扫荡地面上的一切小动物。

◀　行军蚁的宿营地

行军蚁的蚁后能够在短时期内大量产卵，足力强劲，善于走长路。布氏游蚁的大部队“驻扎”期间，蚁后的卵巢会极快地发育，腹部胀大，一周后蚁后一次产下 10 万 ~ 30 万个卵，这些卵孵化成幼蚁后，大部队就迁往另一个地方。蚁后也停止产卵，一起长途行军。

世界上最强大的行军蚁，是生活在西非的威氏行军蚁，蚁群规模可达200万 ~ 2000万只，蚁后一个月能产卵 400 万个，蚁群纵队行军时长达百米。威氏行军蚁袭击民居时，会撕碎、吃掉屋子里的老鼠、甲虫、蟑螂等，有时甚至关起来的家禽、猴子，猪圈里的猪，也会被活活咬死。

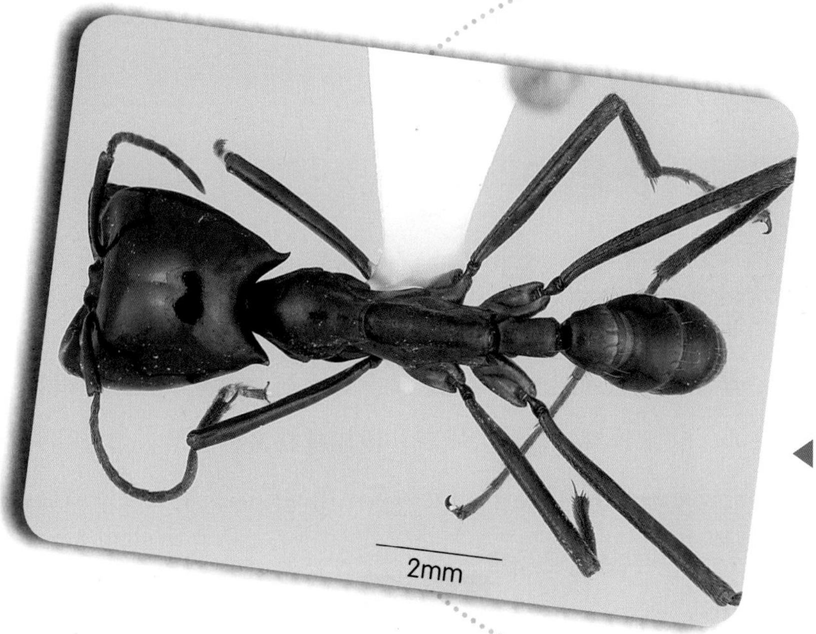

◀ 威氏行军蚁

科学家的研究发现，威氏行军蚁 90% 的食物都是昆虫。这是因为，虽然行军蚁用蚁海战术，以多攻少，使比较大的动物寡不敌众。但是，整个蚁群的移动速度非常缓慢，威氏行军蚁大部队的前进速度是每小时 20 米（单只行军蚁每小时可以前进约 100 米），而健康的、自由活动的动物以及人几秒钟或是 1 分钟就能移动 20 米，实际上行军蚁追不上比较大的动物。因此，行军蚁对比较大的动物和人类并不构成比较大的威胁，行军蚁不可能吃掉活的狮子、蟒蛇，以及自由活动的家禽、猴子和猪。

思考题

1. 你能说出多少种膜翅目昆虫？
2. 什么是孤雌生殖？
3. 仔细观察，并查资料，说明蚂蚁与蚜虫是什么关系？

竹节虫目

竹节虫属于哪个目？
竹节虫目昆虫有什么特点？

　　热带和亚热带丛林里，有一类奇怪的昆虫：即使它就在你面前的树丛中，你也很难发现它。如果你有足够的耐心，仔细地观察，才会发现一段树枝在慢慢移动。如果你的眼力足够好，就会看出这段树枝有一对小眼睛，这就是大名鼎鼎的拟态高手——竹节虫，又称"会走路的树枝"。

科学分类

界：动物界 Animalia

门：节肢动物门 Arthropoda

纲：昆虫纲 Insecta

亚纲：有翅亚纲 Pterygota

下纲：新翅下纲 Neoptera

目：竹节虫目 Phasmatodea

▲　竹节虫目的不同种类

竹节虫，又称䗛（读"修"），是节肢动物门昆虫纲竹节虫目（Phasmatodea）的总称。竹节虫与螳螂有近亲关系，是植食性昆虫，善于拟态成树枝或树叶。竹节虫目全世界约有 2500 多种。大多数种类发现在热带潮湿地区，但在干燥与温带地区也有发现。竹节虫目中国已记载 114 种，分布于湖北、云南、贵州等省。竹节虫目昆虫的体长通常在 10 ~ 130 毫米之间，是身体最长的昆虫。竹节虫目中有一些种类的体形宽阔似叶，叫叶虫。竹节虫目包括了全世界最长的昆虫——尖刺足刺竹节虫（*Pharnacia serratipes*），分布于马来半岛，体长（含脚）可达 55.5 厘米。

▲ 尖刺足
刺竹节虫

▲ 叶虫

竹节虫目昆虫的体型修长，呈圆筒形、棒状或枝状；竹节虫目昆虫少数种类扁平如叶。头小，丝状触角，咀嚼式口器。复眼发达，单眼通常退化。前胸节短，中胸节和后胸节长，无翅种类尤其如此；第 1 腹节与后胸合并。翅膀通常退化；如有翅膀，前翅通常小于后翅。有翅种类的翅多为两对，前翅革质，狭长，横脉众多，脉序成细密的网状。多数竹节虫的体色呈深褐色，少数为绿色或暗绿色。当竹节虫 6 足紧靠身体时，更像竹节。

▲ 澳大利亚竹节虫

竹节虫目昆虫为不完全变态发育。竹节虫目昆虫常可营孤雌生殖，雄虫一般较少，未受精卵多发育为雌虫。

竹节虫陆栖，植食性，都喜欢生活在植物上，白天静伏不动，晚间活动取食。当受伤害时，稚虫的足可以自行脱落，而且可以再生。高湿、低温、暗光可使其体色变深，反之，则体色可变浅。白天与黑夜体色不同，呈节奏性体色变化。喜爱灌木和乔木的叶片；成虫、若虫食叶；若虫常食叶脉或叶柄。寄主有竹、棉花等。许多种类的雌性竹节虫独居，常可营孤雌生殖。竹节虫为素食昆虫，但是在蜕皮期间，它们也会吃掉自己蜕掉的皮。当它们意识到危险的时候，它们通常会掉到地上装死，或者长时间地摇摆不定。

竹节虫的种类很多，各个种类的形态相差很大，长相都非常奇特，例如：矮竹节虫、拟竹节虫、爪齿竹节虫、异齿竹节虫、枝竹节虫、长枝竹节虫、长角竹节虫和短肛竹节虫等。

▲ 黑色的竹节虫

▲ 矮竹节虫

▲ 爪齿竹节虫

▲ 拟竹节虫

▼ 枝竹节虫

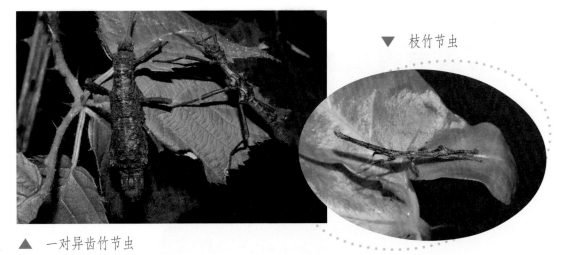

▲ 一对异齿竹节虫

▲ 枝竹节虫的卵

▲ 长枝竹节虫

▲ 长角竹节虫

▶ 雌性短肛竹节虫，
分布在中国西南地区

■竹节虫有没有父亲?

竹节虫常营孤雌生殖,雄虫常较少,未受精卵多发育为雌虫。孤雌生殖也称单性生殖,即卵不经过受精也能发育成正常的新个体,是指在繁殖过程中,在缺少雄性配偶的情况下,雌性动物不与雄性动物交配也能产下无父的后代,即卵子无需授精就能自行发育。许多种类的竹节虫都能通过孤雌生殖的方式繁衍后代,这是这种史前动物在严酷的环境下进化出的特别有效的一种生存策略。

▼ 刚出生几天的竹节虫

竹节虫的卵是不是也长得像竹节虫那样怪？

竹节虫的卵的外壳由一层类脂以及一些有机化合物组成，内部有一层薄薄的生物膜，包裹着未发育成型的小虫。雌性竹节虫的产卵量往往很大，有些种类的雌性竹节虫一生的产卵量可超过 2000 个，是"广种薄收"生存策略的典型代表。大多数种类的竹节虫的卵长 3 ~ 5 毫米，"个头"相对于其他昆虫很大。竹节虫卵的外形千奇百怪，有的像植物的种子；有的像西瓜；有的像米粒；有的甚至两侧长有像翅膀一样的东西，大约是竹节虫想让自己的卵在落地的过程中随风飘扬到各处。事实上，大多数竹节虫的雌虫会在卵落地之前用尾部把它们弹射出去，目的是避免同类之间为生存而相互竞争食物。有些种类的竹节虫则喜欢把卵用分泌的胶液固着在树枝上，或者把卵散落到土块或岩壁的缝隙中，仔细地藏起来。还有些种类的竹节虫的卵表面有瘤状的突出，能受到某些种类蚂蚁的青睐而被搬回蚁巢去。这种做法看似自寻死路，其实虽然蚂蚁整天忙着囤积粮食，真正享用的还不到其中的 1/10，而气味平淡、颜色灰暗的竹节虫卵尤其不能刺激蚂蚁的食欲。所以，竹节虫卵在蚁巢里比在地面上更安全。在这里蚂蚁充当了帮助竹节虫扩散卵的"义工"。

▼ 各种竹节虫的卵

能模仿树叶的叶虫也是竹节虫吗？

还有一类竹节虫如叶竹节虫科的叶䗛，也称叶虫（*Phyllium*）或树叶虫，居住在热带雨林，吸食树汁，以能拟态成树叶的能力著称。叶䗛比其他竹节虫能模仿树叶，就连叶面上被虫子啃过的缺口和霉变的斑纹也模仿得惟妙惟肖。不仅如此，它们的卵也能模仿各种植物的种子，例如中国的东方叶䗛的卵就和苍耳的种子几乎一模一样。叶䗛的腹部和背上的翅膀极像绿色阔叶树叶片，中间有突起的叶片"中脉"，两边有"支脉"，圆圆的小头是叶柄，脚看上去则像被其他昆虫啃食过的残缺不全的小叶片，连缺口处干枯的黄边也不漏过，有时还会加上几个"小虫洞"。

全球约有叶虫30余种，多产于亚洲热带潮湿的近海地区。中国已知叶虫有10余种，主要分布在云南、贵州、广西、广东、海南、西藏及江西等省份。

▼ 叶虫

▲ 雌性叶虫

▼ 酷似黄叶的叶虫

最长的竹节虫有多长？

2008 年 10 月，英国伦敦自然历史博物馆展出了一只巨型竹节虫标本，它体长达 55 厘米，即使腿不算在内，体长也有 35 厘米。此标本一亮相便引起了轰动。这只竹节虫采自马来西亚和印度尼西亚交界的加里曼丹岛热带丛林，发现时间是 1998 年 10 月。这是一只雌性竹节虫，被发现时已经死亡，由当地一名收藏家保存，但他并不知道这只竹节虫的重要意义。直到遇到一位昆虫学家后，他才知道这是一个全新的物种，它是全世界最长的昆虫——尖刺足刺竹节虫（*Pharnacia serratipes*），分布于马来半岛，体长（含脚）可达 55.5 厘米。

▲ 全世界最长的昆虫——
尖刺足刺竹节虫

▲ 马来西亚婆罗洲发现的世界上最长的竹节虫

▲ 马来西亚加里曼丹岛发现的世界上最长的竹节虫

竹节虫行动缓慢，
怎样躲过天敌的捕食？

　　竹节虫是隐身高手，大都能根据光线、湿度、温度的变化改变体色，让自身完全融入周边环境中，使天敌难以发现。有的种类的竹节虫外表酷似一根长着几条分杈的枯枝，平时一动不动地藏在树上，只有在清晨或黄昏时才小心翼翼地移动取食。在移动时，它们甚至还会有节奏地左右摆动，以模仿树枝在风中晃动的样子。又如杆竹节虫科是模仿竹枝的高手，光滑的黄绿色体表有清晰的"竹节"，极像竹枝，躲藏在细小的竹枝间，两只前脚并拢，四只中脚和后脚叉开，纹丝不动，即使它在你面前，你也无法找到它。

　　竹节虫的天敌有鸟、蜥蜴和猴子等。这些动物的视力敏锐，发现、捕食竹节虫应该不难。但是，竹节虫看上去像竹枝或树枝，平时它们一动不动地趴在树上，身体的颜色

▼　杆竹节虫：你能找到我吗？

▲ 杆竹节虫：我的头像竹子吗？　　　▲ 杆竹节虫：我像枯叶吗？

能随着周围的环境而变化，天敌一般很难把竹节虫从栖息的植物上分辨出来。即使在进食时，竹节虫也只吃一点点树叶，进食时间严格控制在 2 分钟左右。这种严格控制自身运动的生活方式，使得竹节虫最大限度地避免了天敌的侵害。

有些种类的竹节虫擅长装死，只要它们栖息的树枝稍有震动，或者感觉到危险迫近，它们便会自动从树上坠落到地上，同时收拢腿节，保持静止几分钟。一旦感觉危险解除，它们便逃之夭夭。实际上，即使它们被天敌认出来，活命的概率也很大，因为很多动物不喜欢吃尸体。

如果一切手段无效，许多种类的竹节虫还会断足求生，当它们的细长腿被天敌捉住时，为了逃命，它们往往会干脆利落地把腿舍弃掉。这条腿很快就会重新长出来。这种断腿再生的能力，只有尚在发育中的竹节虫才有。

还有一些种类的竹节虫，一旦伪装被天敌识破，不仅能使用多刺的腿节自卫，而且会分泌有毒气雾抵御天敌。这种有毒气雾的化学成分目前尚不清楚。吸入这种气雾的感觉有点类似吸入辣椒粉。

思考题

1. 竹节虫和叶虫的模样长得这样奇特，能起到什么作用，这是一种什么现象？

2. 五彩红翼竹节虫的翅膀在进化历史中多次失而复得，这挑战了进化论的基本信条——进化过程不可逆转。你是如何看待这一现象的？

等翅目

■ 白蚁属于哪个目？
等翅目昆虫有什么特点？

　　白蚁也叫做"蟸"，是约3000多种等翅目（Isoptera）昆虫的总称，主要分布于热带和亚热带地区。中国发现400多种等翅目。根据化石判断，白蚁可能是由古直翅目昆虫发展而来，最早出现于2亿年前的二叠纪。

科学分类

界：动物界 Animalia

门：节肢动物门 Arthropoda

纲：昆虫纲 Insecta

目：等翅目 Isoptera

▼ 有翅的白蚁

◀ 澳大利亚热带地区的一种大型白蚁工蚁

▶ 白蚁兵蚁

 知识链接

白蚁与蚂蚁的区别

名称	白蚁	蚂蚁
分类地位	等翅目	膜翅目
变态类型	不完全变态（卵、若虫、成虫）	完全变态（卵、幼虫、蛹、成虫）
体形	头、胸、腹几乎相等	头、胸、腹连接处有明显的细腰节
体色	乳白色、褐色、淡黄色、黄色	黑色、黄色、棕红色
翅	有翅成虫的前翅与后翅等长，平置背部，翅脉细而多，粗线条状	有翅成虫的前翅大于后翅，翅脉少而粗，颜色明显
活动规律	工蚁、兵蚁畏光，隐蔽在地下活动	多不怕光
食性	单食性，取食木材、作物、草根等纤维质	杂食性，喜腥甜食物
排泄物	紧凑成块，粒细而结实	松散细粒状

等翅目昆虫因前翅与后翅的大小、形状相等，故名等翅目。成虫像蚂蚁，但体胖，无色。体长一般为 3.5 ~ 6 毫米。触角为念珠状。口器为咀嚼式。有翅型白蚁在婚飞后翅膀脱落，仅留下翅鳞。腹节为 10 节，尾须为 8 ~ 10 节，外生殖器不明显。有翅成虫 2 对翅狭长，膜质。跗节 4 或 5 节，有 2 个爪。

等翅目昆虫为不完全变态发育。

等翅目昆虫是社会性昆虫，集群生活于隐藏的巢居中，有完善的群体组织，由有翅和无翅的生殖个体（母蚁和雄蚁）与多数无翅的非生殖个体（工蚁和兵蚁）组成。白蚁是农业、林业、水利工程、房屋及建筑物、储存物资等的大敌。

等翅目昆虫通称白蚁。

▲ 西非常见的白蚁丘

▶ 澳大利亚北部利奇菲尔德国家公园的一个 5 米高、存在了 50 年以上的白蚁丘

为什么说，白蚁是了不起的建筑师？

　　白蚁是以家族群体为单位巢居生活的，白蚁家族集中生活在巢穴里，但是群体活动的范围会扩展到白蚁巢之外相当远的距离。白蚁巢在白蚁生活中占据极其重要的地位，如果脱离蚁巢，个体白蚁难以长期生存。各种白蚁巢的构造差别很大，或在地下，或在墙壁里，或在树木中，也有的像塔一样高耸在地面上（其主体结构还是在地下）。白蚁巢的种类有：木栖巢、地下巢、地上巢、土木栖巢，以及把白蚁巢建造在另一种白蚁巢里的寄生巢。

▼　澳大利亚北部利奇菲尔德国家公园的白蚁丘

▲ 东非的非洲大白蚁的白蚁丘

白蚁具有杰出的建筑天赋。白蚁筑巢时，用分泌物与泥土和排泄物混合，咀嚼成类似混凝土的泥浆，干燥后像石头一样坚硬牢固。在热带地区，白蚁会在巢里放置一些干草，吸收热量；还建造垂直的空气流通管道，把巢里含二氧化碳的浑浊空气抽升至中央通风管道，然后从有孔的外壁排出巢穴，同时，白蚁巢基础部的管道从外部吸入新鲜空气，以保证白蚁巢内部的空气对流。一个有大约200万只白蚁生活的白蚁巢每天需要吸入约1000升氧气。有些种类白蚁还会在巢里建造类似堤坝和沟渠的构造，使得流入的雨水排出去。有些种类白蚁的饮用水源取自通往白蚁巢地底深处的管道。

◀ 古巴的白蚁巢

如果你打开一个白蚁巢，会发现它是多管道构造，由许多"小房间"组成，这些"小房间"用非常狭窄的管道连接起来，通过这些管道，白蚁就能到达白蚁巢的各个部分。

白蚁巢不仅保护白蚁群体免受外敌侵害，而且是适合白蚁生活和孕育后代的稳定环境。白蚁巢冬暖夏凉，湿度均衡，内部的温度和湿度经常保持在适宜的范围内，冬季巢内温度高于巢外，而在夏季巢内温度却低于巢外。例如，黑翅土白蚁的蚁巢温度通常为25～28℃，冬季周围土温降到9～19℃时，巢内温度不低于20℃，夏季巢外酷暑烈日，而巢温仍然相对稳定。这样使得白蚁巢里的白蚁生活舒适，不会被热死或冻死，也使得白蚁种植的赖以生存的真菌苗圃能够良好地生长。

非洲大白蚁以植物纤维素为食。而事实上，白蚁也无法直接消化纤维素，它们在巢内种植成片的真菌苗圃，所产生的真菌微生物将植物纤维素转变成可消化的营养素。真菌微生物十分娇气，必须在恒温恒湿、通风良好的环境才能生存。

在非洲东西部的热带稀树大草原上，处处可见非洲大白蚁建造的高耸的白蚁丘。白蚁丘是白蚁巢穴的地上标志，其表面凹凸不平，像塔一样耸立在地面，有的高达数米。白蚁丘内部可供数百万只白蚁栖息，里面有产卵室、育幼室、隧道（通道，取得地下水润湿巢穴）、通风管（利用空气对流保持恒温）。这些白蚁丘，一般由十几吨的白蚁自制

▼　白蚁巢内部

的"混凝土"所建造。白蚁丘内部具有复杂的树枝状管道结构，管道与白蚁丘表面的开口相连，向下则分叉为许多细管道，呈辐射状延伸后又合并成粗管道，粗管道通往潮湿阴凉的地下深处。利用这些通天接地、相互连通的树枝状管道结构，白蚁丘能够充分利用自然条件，使蚁穴内空气保持新鲜，并将温度稳定在合适的范围内。白蚁经常开启和关闭白蚁丘内部中的管道气口，使得白蚁丘内外的空气得以对流——冷空气从底部的气口流入白蚁丘，同时热空气从白蚁丘顶部的烟囱排出。在最炎热的地区，比如纳米比亚，有些白蚁丘顶部的烟囱高达20米，以便控制湿度。无论外界气温如何频繁、剧烈地变化，蚁穴内的温度却惊人地稳定。有趣的是，建造如此庞大而错综复杂的"城堡"的白蚁工蚁天生都是"瞎子"。

白蚁丘对于阻止沙漠扩大化至关重要，能将干旱土壤逐步转变为半干旱土壤和农业用地。在非洲、南美洲和亚洲炎热大草原和热带稀树草原，白蚁丘存储着营养物质和水分，通过白蚁丘内部通道可使水分更好地渗透在土壤之中，最终白蚁丘和周围的植被旺盛生长，可避免出现沙漠化，或者环境恶化成为沙质土壤。

▼ 纳米比亚的白蚁丘

为什么磁石白蚁的白蚁丘
都是南北走向的？

澳大利亚北部的利奇菲尔德国家公园里有许多白蚁丘。这些白蚁丘是澳大利亚磁石白蚁（*Amitermes meridionalis*）建造的，每座白蚁丘里都住着成一个由千上万只白蚁组成的大家族。这些白蚁丘远远看上去像一座座墓碑，每个白蚁丘都是一座不可思议的"生态建筑"。这些白蚁丘都是南北走向的，其宽阔的东西两面对着太阳升起和降落的方向，狭窄的南北两面对着正午炙热的阳光。高的白蚁丘可以高达 3 米。

科学家早已发现，白蚁是优秀的建筑师，能够建造通风和散热优良，内部保持恒温恒湿的"生态建筑"。磁石白蚁和生活在其他地区的白蚁一样，能够建造"生态建筑"，"生态建筑"内可以提供白蚁日常生活所需要的一切。磁石白蚁比其他白蚁更聪明的地方是，它们可以准确地使白蚁丘都是南北走向的，适应地球磁场。这样的白蚁丘，其宽阔的东西两面用来吸收早晨和傍晚的微弱太阳光，相对狭窄的南北两面则对准正午炙热的阳光，以保证蚁丘内部温度相对稳定。

▼ 澳大利亚北部利奇菲尔德国家公园有许多磁石白蚁的白蚁丘

思考题

1. 你能说出蚂蚁和白蚁的区别吗？
2. 为什么说白蚁是社会性昆虫？

双翅目

■ 苍蝇和蚊子属于哪个目？
双翅目昆虫有什么特点？

　　双翅目（Diptera）包括蚊、蠓（蚱蠓）、蚋（黑蝇）、虻、蝇等，约有 11 万种，是昆虫纲中居于鞘翅目、鳞翅目和膜翅目之后的第四大目，除了在南极洲之外，在全世界分布都很普遍，中国已记载约 7400 余种。

　　双翅目昆虫只有一对翅膀，其后翅均已退化成一对棒槌状的器官——平衡棒，在飞

科学分类

界：动物界 Animalia

门：节肢动物门 Arthropoda

纲：昆虫纲 Insecta

亚纲：有翅亚纲 Pterygota

下纲：新翅下纲 Neoptera

总目：内翅总目 Endopterygota

目：双翅目 Diptera

 亚 目

・长角亚目 Nematocera

・短角亚目 Brachycera

行时用以协助平衡。其中少数双翅目昆虫的翅膀和平衡棒均已经退化而不具飞翔能力。少数种类无翅，有跗节5节。口器为刺吸式或舐吸式。

双翅目是完全变态发育的昆虫，也就是从无翅的蛆或孑孓（蚊子的幼虫）经过化蛹后，变为能够飞翔的成虫。

大多数双翅目昆虫摄取液态的食物，例如，腐败的有机物，或是花蜜或树汁等，而部分种类以吸取人类或动物的体液为食。另外，某

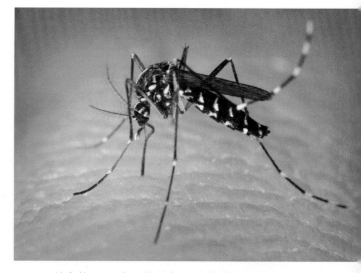

▲ 亚洲虎蚊，又称白纹伊蚊，身体有黑白条纹，是登革热、黄热病、血丝虫病、乙型脑炎等传染病的载体

▼ 蚱蜢，体绿色或黄褐色，头尖，呈圆锥形，触角短，后足发达，善于跳跃，常取食农作物及牧草

▲ 一对蚋（黑蝇）在交尾。蚋是
与蚊子和家蝇相近的小型吸血蝇类

▶ 虻，体型粗壮，形状像蝇而略大，
飞翔力极强，体黑绿色，雄虫吸植
物的汁液，雌虫吸人畜的血液

◀ 绿蝇，体色呈青、
铜、紫、黄等金属绿色，
垃圾、粪便上常见

▶ 苍蝇头部。苍蝇取食人的食物、人和畜禽的分泌物和排泄物、厨房残渣和其他垃圾以及植物的液汁等

▼ 长25毫米的食虫虻捕获食蚜蝇。食虫虻捕捉到猎物后，用消化液注入到猎物中，把猎物消化成液体之后再吸入。食虫虻复眼的周围特别在前方长有许多粗大的刚毛，就是为了保护复眼不被伤害

▲　食虫虻对蚱蜢说："太爱你的肉体了！吃你没商量。"印度喀拉拉邦的食虫虻捕获蚱蜢，结实的短喙和带刺而有力的腿有助于捕获飞行的猎物。食虫虻体多褐色而粗壮，通常多毛，形似大黄蜂，是捕虫能手

些种类以寄生或猎取其他昆虫为食，例如寄蝇、食虫虻等。其中某些种类是传播疾病给人或其他动植物的媒介。部分种类是农林生产的重要害虫或益虫，有些种类会危害人畜健康，传播疾病，引起瘟疫。

▲ 舐吸式口器——寄蝇舐吸蜂蜜

▲ 美国科罗拉多州海拔 2300 米处的一种寄蝇（雌性），约长 18 毫米，翅展 20 毫米。寄蝇幼虫寄生在其他昆虫体内，是农、林、果、菜害虫的寄生性天敌之一。成虫一般多毛，外表像家蝇。寄蝇除舐吸花蜜外，蚜虫、介壳虫或植物茎、叶所分泌的含糖物质都是它们喜好的食物

思考题

你能说出多少种双翅目昆虫？

半翅目

椿象、水黾、蝉和蚜虫属于哪个目？
半翅目昆虫有什么特点？

半翅目（Hemiptera）有3.8万余种，中国有3100余种，由异翅亚目（隐角亚目）和同翅亚目（显角亚目）两个亚目所组成。异翅亚目包括椿象、水黾、红娘华、水螳螂等；同翅亚目包括蝉、沫蝉、蚜虫等。半翅目昆虫在全世界各大动物地理区都有分布。

科学分类

界：动物界 Animalia

门：节肢动物门 Arthropoda

纲：昆虫纲 Insecta

亚纲：有翅亚纲 Pterygota

下纲：新翅下纲 Neoptera

目：半翅目 Hemiptera

 亚目

· 异翅亚目 Heteroptera

· 同翅亚目 Homoptera

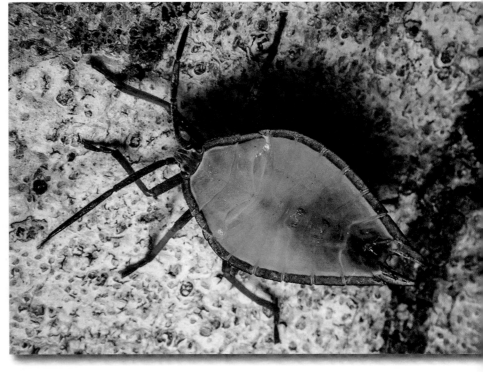

▶ 2厘米长的荔枝蝽若虫。荔枝蝽是荔枝、龙眼的主要害虫，还危害柑橘、梅、梨、桃、橄榄、香蕉等果树。成虫和若虫吸食花、幼果和嫩梢的汁液，造成落果，甚至枯死

▼ 蝽，能分泌臭液，俗称放屁虫、臭板虫、臭大姐等。成虫、若虫将针状口器插入嫩枝、幼茎、花果和叶片组织内，吸食汁液，造成植株生长缓滞，枝叶萎缩，甚至花果脱落

◀ 水黾交配时利用水表面的张力。水黾以落入水中的昆虫为食。水黾通过腿上非常敏感的器官可以感受到落入水中的昆虫的挣扎。水黾以极快的速度在水面上滑行以捕捉猎物。它们在水面上每秒钟可滑行身体长度100倍的距离

▶ 中华螳蝎蝽，也叫水螳螂，以呼吸管伸出水面呼吸，平时栖息在静水域的水草丛里，强而有力的镰刀状前脚是它的锐利武器，它以守株待兔的方式捕捉小鱼、小虾、蝌蚪、孑孓等，再用刺吸式口器吸食猎物体液

▼ 红娘华，又叫蝎蝽、水蝎，生活在水里，尾部有长而细的呼吸器官，前肢像螳螂的前臂，用以捕食水中的鱼虾、蝌蚪、小昆虫等，会用细长的中脚和后脚游泳，不过主要以行走为移动方式

▲ 北美洲的17年蝉，躯体呈黑色，翅膀半透明，呈褐色，有脉络，红红的眼睛还能发光。在地底蛰伏17年后爬上树枝蜕皮，然后交配。雄蝉交配后即死，雌蝉产卵后死

▼ 沫蝉，它的幼虫会分泌白色泡沫裹住身体，直到羽化为成虫才离开。体长约1~1.5厘米

半翅目昆虫体长 1.5 ～ 160毫米，体壁坚硬，较扁平，常为圆形或细长，体绿、褐或有明显的警戒色斑纹。前胸背板大，中胸小盾片发达。大部分种类成虫前翅的基半部革质，端半部膜质，为半鞘翅。其前翅在静止时覆盖在身体背面，后翅藏于其下。由于一些类群前翅基部骨化加厚，成为"半鞘翅状"而得名。触角常为丝状，3 ～ 5节，露出或隐藏在复眼下的沟内。半翅目的成虫和若虫都有刺吸式口器，喙一般4节，着生点在头的前端。臭腺孔位于胸部腹面，遇到敌害会喷射出挥发性臭液。半翅目昆虫是不完全变态发育的昆虫。

▲ 大豆叶上的大豆蚜。蚜虫有一对腹管，用于吸食植物汁液，是植物害虫

▼ 红牛猎蝽。猎蝽种类很多，有的捕食其他昆虫、马陆等，有的捕食姬蝽、瓢虫、蜘蛛、白蚁等，有的吸食人体或其他动物的血液

半翅目昆虫常有臭腺，有些能发出使人恶心的气味。它们大部分吸取植物汁液，但有些种类会吸取动物或昆虫的体液，甚至于猎食其他半翅目昆虫。若虫的体形及习性与成虫相似，吸食植物汁液或捕食小动物。一些半翅目昆虫取食农林害虫或益虫，少数吸食血液，传播疾病。

▶　　蝉在蜕壳过程中。蝉，俗称知了，雄蝉腹部有发音器，能连续不断地发出尖锐的声音。雌蝉不发声，但腹部有发音器。蝉的成虫从若虫壳脱出。幼虫生活在地下吸食植物的根，成虫吸食植物的汁液。蝉属不完全变态发育，由卵、幼虫（若虫），经过一次蜕皮，不经过蛹的时期而变为成虫

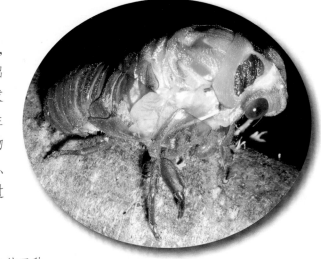

▼　　七星瓢虫吃蚜虫，七星瓢虫是蚜虫的天敌

思考题

1. 蚜虫是益虫还是害虫，为什么？

2. 蝉的生长发育是哪一种变态类型？

直翅目

■ 蝗虫、蚱蜢、螽斯、蟋蟀和蝼蛄属于哪个目？

直翅目昆虫有什么特点？

直翅目（Orthoptera）包括蝗虫、蚱蜢、螽斯、蟋蟀、蝼蛄等，共约 3 万种，中国约有 1290 种，全球分布广泛，在热带和温带地区种类较多，而在高纬度和高海拔地区的种

科学分类

界：动物界 Animalia

门：节肢动物门 Arthropoda

纲：昆虫纲 Insecta

亚纲：有翅亚纲 Pterygota

下纲：新翅下纲 Neoptera

总目：外翅总目 Exopterygota

目：直翅目 Orthoptera

· 剑尾亚目 Ensifera

· 锥尾亚目 Caelifera

类和个体数都较少。直翅目昆虫中，生活在陆地上的较多，生活在洞穴里的较少，生活在水边的则更少。直翅目是比较原始的昆虫类群。

▼ 蝗虫，俗称"蚂蚱"，主要危害禾本科植物，取食小麦、水稻、谷子、玉米、豆类、烟草、芦苇、蔬菜、果树、林木及杂草的叶子、嫩茎、花蕾和嫩果等

▼ 荧光粉红色的螽斯，这种保护色是对红色和粉红色树叶的适应。

▼ 马头蚱蜢，有马脸一般的头部，一对浑圆的大眼睛，躯干和四肢十分独特，走路像跳奇怪的舞蹈，许多人将它养为宠物

▲ 多刺蠡斯，主要捕捉各种昆虫为食，有着惊人的捕捉速度，那些飞行速度很快、机敏无比的食蚜蝇也难逃它那满是利刺的前肢

▼ 非洲田地里的蟋蟀。蟋蟀俗名"蛐蛐"，常栖息于地表、砖石下、土穴中、草丛间，夜出活动，杂食性，吃各种作物、树苗、菜果等

直翅目昆虫体长 2.5 ～ 90 毫米，前胸背板大，翅长短不一，有时无翅。成虫前翅是革质，称为"覆翅"，后翅是膜质，静止时成扇状折叠。口器为咀嚼式。通常有发达的后腿，善于跳跃。尾须短，分节不明显。常有发达的发音器和听器。雌虫有发达的产卵器。

▲ 蝼蛄，体大，触角短于体长，前足开掘式，缺产卵器，土栖，危害农作物

产卵器，即昆虫的外生殖器，是昆虫生殖系统的体外部分，是用以交配、授精和产卵的器官统称，主要由腹部生殖节上的附肢特化而成。雌性的外生殖器称为产卵器；雄性的外生殖器称为交配器。

直翅目属于不完全变态发育的昆虫（卵、若虫、成虫）。

若虫和成虫多以植物为食，对农、林、经济作物都有危害；少数种类为杂食性或肉食性。一些直翅目的雄虫（如蟋蟀等）会用翅膀和腿摩擦发出声音，来吸引雌虫。

▲ 美洲大螽斯的咀嚼式口器

思考题

1. 蟋蟀为什么要鸣叫？

2. 蟋蟀是用身体哪个部分鸣叫的？

蜻蜓目

蜻蜓和豆娘属于哪个目？
蜻蜓目昆虫有什么特点？

蜻蜓目（Odonata）主要包括蜻蜓和螅（俗称豆娘）。全世界已知蜻蜓目昆虫约5000种，中国已记载400多种，全球广泛分布。蜻蜓目分为三个亚目：差翅亚目统称"蜻蜓"；均翅亚目统称"螅"（俗称豆娘），以及发现于日本和印度的两种间翅亚目昆虫。蜻蜓身体粗壮，休息时翅膀平展于身体两侧；螅身体细长，休息时翅膀束置于背上；间翅亚目则拥有粗壮的身体和束置于背上的翅膀。

界：动物界 Animalia

门：节肢动物门 Arthropoda

纲：昆虫纲 Insecta

目：蜻蜓目 Odonata

· 差翅亚目 Anisopteraa

· 均翅亚目 Zygoptera

· 间翅亚目 Anisozygoptera

▲ 雌蜻蜓。蜻蜓的复眼约由2.8万多只小眼组成，视力极好，还能向上、向下、向前、向后看而不必转头，复眼还能测速。蜻蜓是捕虫高手，其咀嚼式口器发达，强大有力，能大量捕食蚊、蝇、蝶、蛾、蜂等。下雨前喜低空往返飞行

▼ 蟌（豆娘），休息时翅束于背上方，身体细长且软弱，类似小型蜻蜓，擅长捕食小飞虫，以蚊、蝇、蚜虫、介壳虫、木虱、飞虱、摇蚊等为主食，偶尔也会发生大豆娘捕食小豆娘的情形

蜻蜓目昆虫头大，有硕大的复眼、两对强有力的透明翅膀，以及修长的腹部。大多数蜻蜓体长30～90毫米，少数种类可达150毫米，而有的种类则十分纤细，体长不足20毫米。触角为刚毛状。口器为咀嚼式。胸部发达，坚硬。前后翅等长，狭窄，翅脉网状，翅痣与翅结明显，休息时平伸，或竖立，或斜立于背上。足多刺毛。尾须小，1节。稚虫水生，其下唇特化为面罩，利用直肠或尾鳃呼吸。

▲ 帝王伟蜓在产卵。帝王伟蜓是一种大型蜻蜓，平均长度为78毫米，主要生活在欧洲、非洲和亚洲

蜻蜓目昆虫属于不完全变态发育。蜻蜓的稚虫"水虿"在水中营捕食性生活，无蛹期。蜻蜓雄虫的交配器位于第2腹节腹面，这在昆虫中是独一无二的，但其生殖孔依然在第9腹节，交配前雄虫先把精液由生殖孔送到第2腹节的交配器内。交配时，雄虫用腹部末端的抱握器挟住雌虫的前胸，然后雌虫将腹部向前弯曲使其生殖孔与雄虫的交配器结合。整个过程可在飞行中进行。人们看到两只蜻蜓相接飞行的现象，就是交配的部分过程。人们引用的成语"蜻蜓点水"，实际上

▲ 水虿，面具非常大，不用时收在头部和喉部之下，面具尾端是一组牙状的夹子，用来抓住蠕虫、甲壳动物、蝌蚪、小鱼等猎物

是指雌虫在交配后的产卵现象，每在水面点一下，就产1粒卵，动作很快。

成虫为肉食性种类，捕食小型昆虫，飞行迅速，性情凶猛。成虫和稚虫均为捕食性，在农业和卫生方面常视为益虫，但成虫袭击蜜蜂群，稚虫攻击鱼苗或小鱼。

▲ 蜻蜓稚虫"水虿"在变态　　　　　　▲ 水虿吃小鱼

 知识链接

翅脉、翅痣、抱握器、交配器、生殖孔

翅脉　昆虫翅上纵行和横行的脉。由胚胎时气管分布入内形成。翅脉有一定的形式、数目和分布等。

翅痣　又叫翼眼。有些昆虫的翅上（如蜻蜓的前、后翅，膜翅目的前翅等）在其前缘的端半部有一深色斑，称为翅痣。翅痣起着使飞行平稳的作用。

抱握器　是昆虫交配时，雄虫抱握雌虫的器官。

交配器　即雄性动物交配用的外生殖器。无脊椎动物昆虫腹部第9节的附肢变成交配器。

生殖孔　是射精管或输卵管的外端开口。

思考题

1. 你能说出多少种蜻蜓目昆虫？

2. 蜻蜓为什么要点水？

3. 蜻蜓的稚虫叫什么，生活在哪里？

蜉蝣目

■ 蜉蝣属于哪个目？
蜉蝣目昆虫有什么特点？

蜉蝣目（Ephemeroptera）通称"蜉蝣"，具有古老而特殊的体型结构，是最原始的有翅昆虫。全世界已知蜉蝣目昆虫 2200 余种，中国记载约 250 种。蜉蝣目昆虫主要分布在热带至温带的广大地区，受温度、底质（沉积在水体底部的堆积物质）、水质和流水速度等的影响很大。

科学分类

界：动物界 Animalia

门：节肢动物门 Arthropoda

纲：昆虫纲 Insecta

目：蜉蝣目 Ephemeroptera

 亚目

· 长鞘蜉蝣亚目 Schistonota

· 短鞘蜉蝣亚目 Pannota

▲ 石头上的蜉蝣

▼ 水面上的蜉蝣

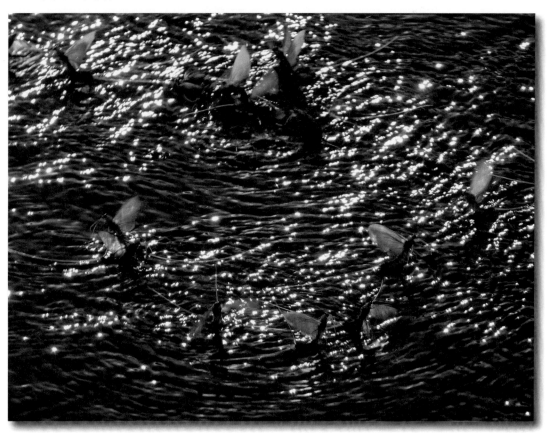

▲ 河面上漫天飞舞的蜉蝣

蜉蝣目昆虫体形细长柔软，体长通常为 3 ~ 27 毫米，刚毛状触角短，复眼大，单眼3 个，中胸较大，翅膜质，有较密的网状脉，休息时竖立在背面，前翅发达，后翅退化，腹部末端有一对很长的尾毛（或称尾须，尾须是少数低等昆虫，如蜉蝣目和直翅目才具有的特征），部分种类并有中央尾丝。蜉蝣目的翅不能折叠。两侧或背面有成对的气管鳃，是适于在水中的呼吸器。

蜉蝣目昆虫属于原变态发育，也就是在成虫期还要蜕一次皮，蜕皮前的成虫叫亚成虫。原变态属于不完全变态的一种，是有翅亚纲中最原始的变态类型，仅见于蜉蝣目昆虫。其变态特点是从幼虫期（稚虫）转变为真正的成虫期要经过一个亚成虫期。亚成虫在外形上与成虫相似，性已发育成熟，翅已展开，并能飞翔，但体色较浅，足较短，多呈静止状态。亚成虫期较短，一般仅 1 小时至数小时，即再行一次蜕皮变为成虫。

蜉蝣目昆虫的幼虫生活在淡水湖、溪流中。通常在春夏之交的黄昏时分，成群的雄虫"婚飞"，雌虫飞入群中与雄虫交配。蜉蝣产卵于水中。椭圆形卵很小，表面有络纹，可以粘附在水底的碎片上。一只雌蜉蝣可产卵几百到上千粒。卵在水中靠自然温度经过半月左右的胚胎发育阶段，孵化出稚虫（不完全变态的水生昆虫的幼期称为稚虫）。刚出生的稚虫还没长出在水中进行呼吸的气管鳃，这段时间只能靠皮肤吸取水中的氧气生活。

稚虫蜕过一次皮，长到二龄时，身体的两边便生出鱼鳞状的气管鳃，开始进行正常的取食游泳活动。一只蜉蝣稚虫，能在水中生活1年，更换20多次"外衣"。成熟稚虫可见一两对翅芽变黑；稚虫成长后，浮出水面，或爬到水边石块、植物茎上，日落后羽化为亚成虫；过一天后经一次蜕皮为成虫。刚蜕皮的成虫就进行交尾，完毕后雄蜉蝣就大多立即死去，雌蜉蝣产卵后也就死亡了。

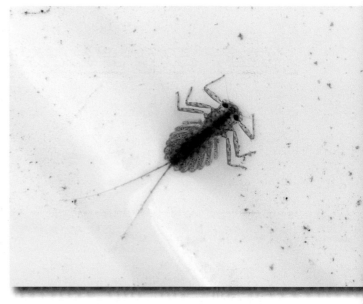

▲ 蜉蝣稚虫

蜉蝣目昆虫的成虫有趋光性，常见于灯下。蜉蝣白天不活动，隐藏在杂草丛中及河边的树叶背后，它那近似三角形的透明发亮的翅总是合拢起来竖立在背上。傍晚时成群结队在水边飞舞，进行交配产卵，因而夜晚水中的鱼儿常跃出水面，捕食接近水面飞舞的蜉蝣。雄虫交配完后，很快就结束了生命；雌虫产完卵完成传代任务后，也随即死于水面，成为鱼类和青蛙的饵料。成虫常在溪流、湖滩附近活动。成虫不取食，甚至没有内脏。蜉蝣寿命很短，约数小时至数日不等。稚虫一般生活在淡水中，为鱼及多种动物的优良饲料。根据稚虫对水域的适应与要求，可用于监测水域类型与污染程度。

羽　化

羽化　是昆虫从它的前一虫态蜕皮而出变成成虫的现象。

思考题

蜉蝣的生长发育是哪一种变态类型？

缨尾目

衣鱼、石蛃属于哪个目？
缨尾目昆虫有什么特点？

　　缨尾目（Thysanura）在昆虫纲中是一个较小的目，世界性分布，全世界有 600 余种，中国已记载约 12 种。缨尾目分为石蛃和衣鱼两大类。

　　石蛃是现存最原始昆虫的代表，生活在潮湿的落叶、朽木、蚁巢中。石蛃的复眼大，左右相接，体隆起，体色通常与栖息环境相似，不易被发现。石蛃的适应性很强，通常生活在阴暗潮湿处，如苔藓上、地衣上、石头缝隙中、石块下、山地岩石上及海岸岩礁上等处所，主要取食藻类、地衣、苔藓、真菌、腐败的植物。在阳光明媚的夏天，我们可以在裸露的岩石上，发现出来晒太阳的石蛃，如果用手在岩石上挥动，则可见有石蛃在爬动，并会跳。石蛃的形态和衣鱼很相似，区别在于石蛃有较大的眼睛，中尾丝明显长于侧尾须；石蛃身体较小，胸部较粗，背侧隆起，向后逐渐变细，体表常具鳞片；触角长，

科学分类

界：动物界 Animalia

门：节肢动物门 Arthropoda

纲：昆虫纲 Insecta

亚纲：有翅亚纲 Pterygota

目：缨尾目 Thysanura

呈丝状；无翅。

衣鱼复眼小而左右远离或退化，体扁平，体长 4 ～ 20 毫米，狭长，末端尖细；身体有银灰色的鳞片；触角长而多节，丝状，末端尖锐；口器外生，咀嚼式；复眼发达或退化，没有翅膀；腹部 11 节，腹下有腹刺若干对，末端有一对长尾须，尾须之间生有一丝状中尾丝，故名缨尾；足的基节和腹节上常有刺突，腹板上还有泡囊；跗节 2 ～ 3 节，爪 2 ～ 3 个；雌性缨尾目昆虫有产卵器。

缨尾目昆虫的个体发育过程经过卵、若虫和成虫三个时期，属于不完全变态昆虫。若虫形似成虫，较小，2 ～ 3 年后性成熟。衣鱼一生蜕皮多达 35 次，每年蜕皮 3 ～ 5 次。有些缨尾目昆虫寿命可长达 7 年。

缨尾目昆虫以富含淀粉的物质为食，常严重危害书籍和纸张等物。多数种类生活在湿地、石下、树皮下、苔藓间或岩石上；少数生活在室内、蚂蚁或白蚁的巢穴中。缨尾目昆虫很活泼，有的能跳跃，行动迅速。衣鱼在衣服、书、画等收藏品中时常可以见到，有时会在墙上爬，是书籍与字画的一害。

▲ 石蛃

▲ 衣鱼

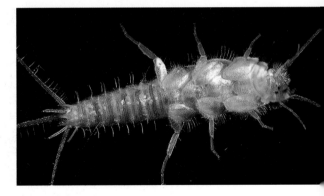

▲ 一种衣鱼

思考题

衣鱼的生长发育是哪一种变态类型？

中国一级保护野生动物中华蛩蠊属于哪个目？蛩蠊目昆虫有什么特点？

蛩蠊目（Grylloblattaria）种类极少，已记录 25 种，是世间稀有活化石。蛩蠊目昆虫中国仅知 1 种，1986 年首先发现于东北长白山海拔 2000 米山地滑坡滚石地段，命名为中华蛩蠊（*Galloisiana sinensis* Wang），1988 年被列为中国一级保护动物。蛩蠊目昆虫通称蛩蠊，因其既像蟋蟀（蛩）又似蜚蠊而得名。

蛩蠊一般生活于高山上或冰川附近，多栖于海拔 1200 米高山的苔藓、石块下、朽木及土壤中，有的种类栖居于穴洞内。

蛩蠊目是中型昆虫，体细长，体长 13～30 毫米，暗灰色，无翅，触角丝状，复眼小，无单眼，尾须长，颇似双尾虫，口器为咀嚼式，上颚发达。雄虫腹部末端有刺突。

蛩蠊雌虫羽化约 1 年后成熟，在土内或苔藓上产卵。卵黑色，每次产 1 个。卵

科学分类

界：动物界 Animalia

门：节肢动物门 Arthropoda

纲：昆虫纲 Insecta

总目：外翅总目 Exopterygota

目：蛩蠊目 Grylloblattaria

亚目：蛩蠊亚目 Grylloblattodea

科：蛩蠊目 Grylloblattidae

需时约1年化为若虫，约5～7年才能完成1世代。

蛩蠊为肉食性，夜出活动，适应于1℃低温环境。

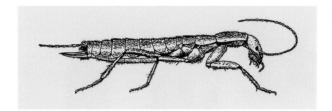

▲ 蛩蠊

▼ 蛩蠊

▼ 蛩蠊

螳䗛目

■ **蚤蠊的近亲螳䗛属于哪个目？**
  螳䗛目昆虫有什么特点？

螳䗛是螳䗛目（Mantophasmatodea）下的肉食性昆虫，是南非西部及纳米比亚的特有种，但从始新世的化石记录可见，它们原有更广的分布。螳䗛目下只有一个螳䗛科。从

科学分类

界：动物界 Animalia

门：节肢动物门 Arthropoda

纲：昆虫纲 Insecta

总目：外翅总目 Exopterygota

目：螳䗛目 Mantophasmatodea

科：螳䗛科 Mantophasmatidae

▼ 螳䗛

分子分析证据显示，它们的最近的近亲是蚤蝼。它们最初是根据在纳米比亚及坦桑尼亚的标本描述的。

螳蛉没有翅膀，它们的外观像螳螂及竹节虫的混合体。

▼ 螳蛉

▼ 一种螳蛉

常栖溪石，生活在陆地，产儿在水

襀翅目

■ 什么是石蝇？

襀翅目昆虫有什么特点？

襀翅目（Plecoptera）是中小型有翅昆虫，因常栖息在山溪的石面上而有石蝇之称。全世界已经发现襀翅目昆虫 1700 余种，这些水栖昆虫的稚虫生活于流动的溪流中，而成虫则生活于陆地。

◀ 石蝇

科学分类

界：动物界 Animalia

门：节肢动物门 Arthropoda

纲：昆虫纲 Insecta

目：襀翅目 Plecoptera

襀翅目昆虫为半变态发育。雌虫产卵于水中。稚虫水生，小型种类 1 年 1 代，大型的 3 ～ 4 年 1 代。

襀翅目昆虫捕食蜉蝣稚虫和双翅目昆虫（如摇蚊）的幼虫等，或取食藻类以及其他植物碎片。不少种类在秋冬季或早春羽化、取食和交配。这些种类的稚虫一般以植物为食。成虫常栖息于流水附近的树干、岩石上或堤坡缝隙间，部分植食性，主要取食蓝绿藻。襀翅目昆虫的稚虫和成虫是许多淡水鱼类的重要食料。同时，稚虫因喜在溪流等含氧量高的水中生活，可作为测定山溪水质污染的指示生物之一。襀翅目昆虫的少数种类可危害农作物和果树。

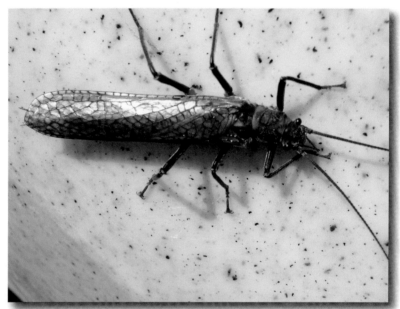

▶ 石蝇

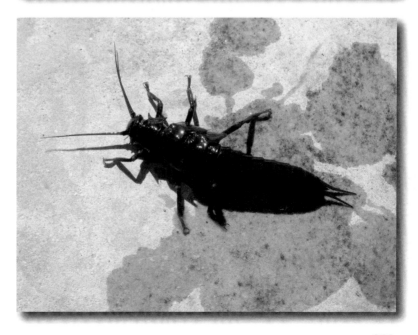

▶ 石蝇稚虫

纺足目

■ 什么是足丝蚁？
纺足目昆虫有什么特点？

纺足目（Embioptera）是中小型昆虫，全世界记录有 300 余种，多数种类分布在热带地区，少数种类出现在温带，在南美洲北部和非洲中部种类最多，中国已有记录共 6 种，如等尾足丝蚁，分布于云南、广东、福建、台湾等省。

纺足目昆虫体长一般为 4～6 毫米，中国的某些种类可超过 10 毫米；身体细长而扁平，柔软，腹部与胸部几乎等长，褐色、黄褐色或具有金属光泽；翅烟灰色；口器为咀嚼式；复眼较小，无单眼；触角丝状或念珠状。雌虫无翅，形状如若虫；雄虫一般有翅，前后翅相似。前足第一跗节膨大，有纺丝腺开口于此，能分泌丝织网或结巢，故名"足丝蚁"。

科 学 分 类

界：动物界 Animalia

门：节肢动物门 Arthropoda

纲：昆虫纲 Insecta

亚纲：有翅亚纲 Pterygota

下纲：新翅下纲 Neoptera

目：纺足目 Embioptera

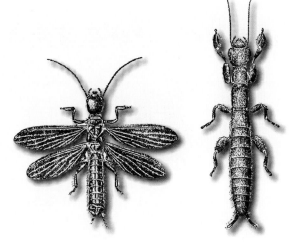

▲ 足丝蚁，左为雄性，右为雌性

◀ 足丝蚁

▼ 幼虫阶段的足丝蚁

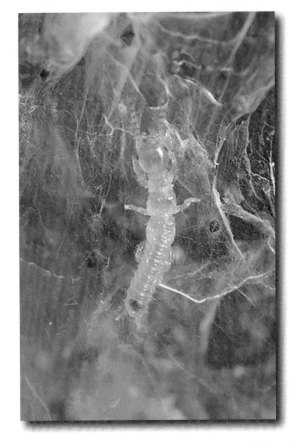

纺足目昆虫的变态类型为渐变态，渐变态属于不完全变态的一种。纺足目昆虫的一生经过卵、若虫、成虫三个阶段，幼期形态和生活习性与成虫相似。雌虫无明显变态。若虫期4龄。1年1代或数代。卵为长圆柱形，一端有盖，产于丝巢内，雌虫有护卵习性。雌雄若虫形态相似，仅在雄虫出现翅芽后形态才有明显的不同，雄虫的翅芽包藏于体壁之内，在末龄时外露。有些种类能孤雌生殖。

纺足目昆虫寄居在桉树、木麻黄和榕树上，常见于石块、树皮裂缝间；植食性，对植物很少有明显危害，其形态、生理和生态富有探索和研究价值，又容易在实验室内培养。

缺翅目

■什么是缺翅虫？
缺翅目昆虫有什么特点？

缺翅目（Zoraptera）是昆虫纲中最小的一个目，现仅存1科1属27种，通称缺翅虫、绝翅虫，是一类古老而稀有的昆虫，也是科学家了解得最少的一个目。缺翅目建立于1913年，由于最初发现的种类都是无翅型，故命名为缺翅目，后来才发现有翅型。缺翅目昆虫多数分布在近赤道两旁的热带、亚热带地区。中国于1973年、1974年在西藏发现了2种——中华缺翅虫、墨脱缺翅虫。

缺翅目昆虫的体形微小，体长不超过3毫米，有翅型缺翅虫翅展为7毫米左右。身体扁平，褐色或暗黑色。头大，口器为咀嚼式，触角9节，呈念珠状。有翅型缺翅虫具有复眼和3个单眼，无翅型缺翅虫无单眼和复眼。腹部10节，尾须短而不分节。雌虫无产卵器。

科学分类

界：动物界 Animalia	
门：节肢动物门 Arthropoda	
亚门：六足亚门 Hexapoda	
纲：昆虫纲 Insecta	
亚纲：有翅亚纲 Pterygota	
目：缺翅目 Zoraptera	
科：缺翅虫科 Zorotypidae	
属：缺翅虫属 *Zorotypus*	

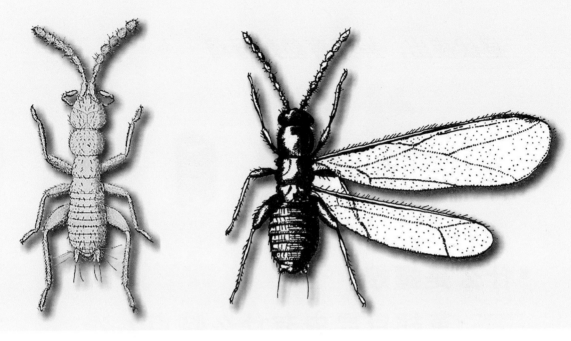

▲　缺翅虫　　　　　　　　▲　有翅型缺翅虫

　　缺翅目昆虫的变态类型为半变态发育。

　　缺翅目昆虫具有集群的生活习性，群居于阴暗潮湿的地带，多生活在常绿阔叶林内，在倒木、折木的树皮下，以菌类和小动物为食。通常幼虫和成虫集聚在一起，被惊动后四处奔跑逃逸。

▼　一种缺翅虫

革翅目

■ 什么是蠼螋？
革翅目昆虫有什么特点？

　　革翅目（Dermaptera）为中、小型昆虫，俗称蠼螋，全世界已知 1800 余种，盛产于热带和亚热带，由温带向寒带种类数递减，但在喜马拉雅山脉海拔 5000 米的高山上也存在它们的踪迹。中国已记载革翅目昆虫有 210 余种。

科学分类

界：动物界 Animalia

门：节肢动物门 Arthropoda

纲：昆虫纲 Insecta

亚纲：有翅亚纲 Pterygota

下纲：新翅下纲 Neoptera

总目：外翅总目 Exopterygota

目：革翅目 Dermaptera

  亚目

· 蠼螋亚目 Forficulina
· 鼠螋亚目 Hemimerina
· 蝠螋亚目 Arixenina

革翅目昆虫的身体狭长而扁平，体长 4 ~ 35 毫米。头部扁阔，复眼为圆形，少数种类复眼退化；有些种类无复眼。触角为 10 ~ 30 节，多者可达 50 节，线形。口器为咀嚼式，上颚发达，较宽，其前端有小齿。前胸游离，较大，近方形；前胸背板发达，方形或长方形；后胸有后背板；腹板较宽。除少数种类外，多数种类有翅。前翅鞘质，短小；后翅膜质，扇形或略呈圆形，折叠于前翅之下，但常露出前翅外。腹部末端有尾铗，无产卵器。

革翅目昆虫为不完全变态发育，1 年发生 1 代；卵多产，雌虫产卵可达 90 粒。卵为椭圆形，白色。雌虫有护卵育幼的特殊习性。

革翅目昆虫中少数种类危害花卉、贮粮、贮藏果品、家蚕及新鲜昆虫标本；有的种类是蝙蝠和鼠的体外寄生者。一般喜夜间活动，白天常隐藏在土壤、石块、枯枝、垃圾下。腹部第 3、4 节的腺褶能分泌特殊的臭气驱敌。尾铗是防御的有力武器，受惊吓时，常反举腹部，张开双铗，以示威吓状，而遇劲敌则往往装死不动。

▲ 蠼螋

▲ 比利时境内阿登高地的一种蠼螋在食花

▼ 英国切斯特一个花园的砖头下面，蠼螋和刚孵化的小蠼螋在巢里

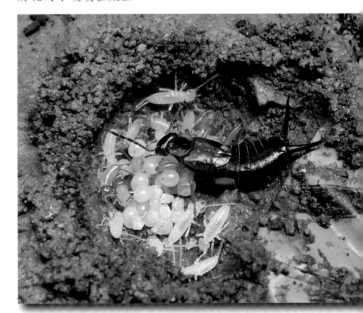

蜚蠊目

■ 蟑螂、地鳖属于哪个目？
蜚蠊目昆虫有什么特点？

蜚蠊目（Blattodea）包括蜚蠊（俗称蟑螂）和地鳖（俗称土鳖）。全世界已知 7000 余种，大多分布在热带和亚热带地区，少数分布于温带地区。蜚蠊目中国已知 262 余种，全国各地均有分布。

蜚蠊目昆虫体长 2～100 毫米，身体扁平，卵圆形。头隐藏在宽大、盾状的前胸背板下，而且向后倾斜。口器咀嚼式；触角丝状；复眼肾形。足多刺毛，跗节 5 节。翅长或短，

科学分类

界：动物界 Animalia

门：节肢动物门 Arthropoda

纲：昆虫纲 Insecta

亚纲：有翅亚纲 Pterygota

下纲：新翅下纲 Neoptera

总目：外翅总目 Exopterygota

目：蜚蠊目 Blattodea

异　名

· 蜚蠊目 Blattaria

前翅覆翅，后翅膜质，翅脉多分支。腹部 10 节。尾须多节。腹背常有臭腺，能分泌臭气，开口于第 6、7 腹节的背腺最显著。有些种类有雌雄异型现象，雄虫有翅，雌虫无翅或短翅。陆生。

▲ 对人的健康无害的闪亮蟑螂

▼ 悉尼的一只蟑螂在产卵

◀ 雌性马达加斯加蟑螂

◀ 东方蟑螂

◀ 澳大利亚布里斯班的
布什蟑螂

◀ 在波罗的海发现的琥珀内的蟑螂，生存在5000万年前至4000万年前

▶ 地鳖，生活在阴暗、潮湿、腐殖质丰富的松土中，怕阳光，白天潜伏，夜晚活动

　　蜚蠊目昆虫为不完全变态发育。

　　蜚蠊目昆虫一般生活在石块、树皮、枯枝、落叶、垃圾堆下，或朽木与各种洞穴内。多数种类性喜黑暗，为夜行性昆虫，行走迅速，不善跳跃。杂食性，取食多种动物性、植物性食料。有些种类生活在室内，善跑，取食并污染食物、衣物和生活用具，且留下讨厌的气味，传播疾病和寄生虫，是全球性的卫生害虫。野外生活的种类有少数危害农作物。

> **思考题**

　　请通过仔细观察，简单描述蟑螂的生活习性。

捕虫能手，前足像刀，三角头

螳螂目

■ 螳螂属于哪个目？
螳螂目昆虫有什么特点？

螳螂目（Mantodea）是中至大型肉食性昆虫，仅含螳螂科，通称螳螂，因前肢发达有力呈镰刀状，又称刀螂。螳螂目世界已知2200多种，除极寒地带外，分布于热带、亚热带和温带的大部分地区。螳螂目中国已知110余种，其中，南大刀螂、北大刀螂、广斧螂、中华大刀螂、欧洲螳螂、绿斑小螳螂等是中国农、林、果树和观赏植物害虫的重要天敌。

螳螂目昆虫的体型修长，通常扁平，体长10～140毫米。三角形头部可自由转动；复眼突出，单眼通常有3个；口器为咀嚼式；触角长，由多个节构成，形状各异，多为丝状，

科学分类

界：动物界 Animalia

门：节肢动物门 Arthropoda

纲：昆虫纲 Insecta

目：螳螂目 Mantodea

▶ 印度卡纳塔克邦的祈祷螳螂

232

▲　祈祷螳螂摆出防御姿态

少数为念珠状或其他形状。前胸长，可自由转动。前足为捕捉足，腿节和胫节有利刺，胫节镰刀状，常向腿节折叠。足跗节5节，有爪1对，缺中垫。前翅为覆翅，后翅膜质，臀域发达，扇状，休息时叠于背上。腹部长，呈圆筒形。产卵器不突出，尾须短。

　　螳螂目昆虫为不完全变态发育，生活史各阶段习性相似。螳螂目昆虫产卵于泡沫状分泌物硬化而成的卵鞘中，古称"桑螵蛸"，并用作中药。卵鞘附于树枝或墙壁上。每一卵鞘有卵20～40个，排成2～4列。每个雌虫可产4～5个卵鞘，一个卵鞘中有卵几十至上百粒。卵粒外有较坚硬的卵鞘保护，能安全地过冬，待来年天气转暖，小螳螂便出世了。小螳螂出世时能把卵内的膜衣带出鞘外，然后才破衣孵出，并牵丝下垂。先孵出的小螳螂顺丝而上，离开卵鞘，自谋生路。初孵出的小螳螂需蜕皮3～12次，始变为成虫。螳螂繁殖一般为1年1代，有些种类行孤雌生殖。

　　螳螂目昆虫通常捕捉其他种类昆虫为食，成虫与若虫均为捕食性。分布在南美洲的个别种类会攻击小鸟、蜥蜴或蛙类等小动物。呈镰刀形的前肢长而有力，有锋利的尖刺，能牢牢地抓住猎物；强而有力的口器，能轻易咬破及咀嚼猎物；发达的消化系统，能把

▲ 意大利撒丁岛的祈祷螳螂的卵鞘

▼ 雄性祈祷螳螂被蜘蛛网粘住

猎物（包括坚固的外骨骼）完全吞食消化。雄虫飞行能力较佳。螳螂目昆虫大部分种类行动较缓慢，但拥有保护色，而且有拟物形态，能模仿叶子晃动的姿态走路，并慢慢地接近猎物；一旦到达可出击的距离，可以极快地捕捉猎物。兰花螳螂由于外形与体色跟兰花相似，通常躲在兰花中伏击猎物，它们的猎物以蝴蝶及蜜蜂等吸花粉的昆虫居多。缺食时常有大吞小和雌吃雄的现象。有一种祈祷螳螂（*Praying Mantis*），也就是我们最常见的螳螂，在交配中雌螳螂会吃掉雄螳螂；雄螳螂交配中被吃掉上半身，而下半身可以维持交配一段时间。螳螂是天敌昆虫，能作为生物性害虫防治手段，消灭害虫，螳螂的卵块被放置在庄稼地里对付害虫。

▲ 螳螂捕食蜜蜂

▲ 欧洲螳螂吃蚱蜢

思考题

1. 仔细观察，螳螂有没有拟态现象？

2. 交尾中，雌螳螂有时会吃掉雄螳螂。这是一种什么现象？

啮虫目

■ **什么是书虱、树虱？**
啮虫目昆虫有什么特点？

　　啮虫目（Psocoptera）4600 余种，分布于世界各大动物区，尤以热带、亚热带及温带的林区为多。啮虫目中国已记载 580 余种。啮虫目昆虫俗称书虱、米虱，包含了室内的书虱及野外的树虱。中国常见的有：书虱（*Liposcelisdivinatorius*）、窃虫（*Atropos pulsatorium*）、裸啮虫（*Psyllsocusramburii*）等。啮虫目出现于 2.95 亿年前至 2.48 亿年前。

　　啮虫目昆虫有长翅、短翅、小翅或无翅种类。啮虫目昆虫体态柔弱，体长 1 ~ 10 毫米。头大，可自由活动，复眼发达，有翅种类有单眼 3 个，无翅种类单眼缺，触角为长丝状，口器为咀嚼式，唇基大而呈球形突出。前翅大，多有斑纹和翅痣，休息时翅常呈屋脊状或平置于体背。无翅种类较少。有翅种类前胸狭缩成颈状，胫节长，腹部 10 节，无尾须，

科学分类

界：动物界 Animalia
门：节肢动物门 Arthropoda
纲：昆虫纲 Insecta
目：啮虫目 Psocoptera

· 小啮虫亚目 Trogiomorpha
· 粉啮虫亚目 Troctomorpha
· 啮虫亚目 Psocomorpha

外生殖器一般不显著。

　　啮虫目昆虫为不完全变态发育。卵多为长卵形，扁平，光滑，有雕刻形的花纹，白色或暗色，产于叶上或树皮上，常1个或几个集于一起，覆以乱丝。若虫与成虫相似，一般6个龄期。啮虫目昆虫1年1～3代。

　　啮虫目昆虫有群居习性，爬行活泼，不甚飞翔，多生活在树干或树皮、篱笆、石块、植物枯叶间、鸟巢以及仓库等处，在潮湿阴暗或苔藓、地衣丛生的地方常见，取食地衣、苔藓、植物等，少数种类捕食介壳虫及蚜虫等。无翅种类多生活在室内，危害书籍、谷物、衣服、动植物标本和木材等。啮虫目昆虫有纺丝腺，能吐丝并织成薄膜，覆盖在卵块上或作为栖息处。

▲　书虱

▼　树虱

▼　显微镜下的书虱

0.5mm

 知识链接

龄　期

　　龄期是指昆虫幼虫在连续两次蜕皮之间所经历的时间。各种昆虫的龄期多少及长短不同。蚕一生蜕皮4次，蝗虫5次，黄粉虫幼虫一般经过10～15个龄期，即蜕皮1次为1个龄期。从卵孵化至第1次蜕皮为第1龄期，第1次蜕皮至第2次蜕皮为第2龄期，以此类推。因此，龄期＝蜕皮次数＋1。

害虫蓟马，爱吃花、蜜和林果

缨翅目

■ 什么是蓟马？
缨翅目昆虫有什么特点？

缨翅目（Thysanoptera）是小型而细长的昆虫，因有许多种类常栖息在大蓟、小蓟等植物的花中，故通称为蓟马，已知约 6000 种，分布在热带和亚热带地区，中国已知有 340 余种。

缨翅目昆虫的身体细长而扁，或为圆筒形，体长 0.5 ~ 14 毫米，一般为 1 ~ 2 毫米。颜色为黄褐、苍白或黑色，有的若虫为红色。单眼通常为 3 个，在头顶排列成三角形，无翅型常缺单眼。有左右不对称的刺吸式口器。翅通常 2 对，翅膀狭长，有少数翅脉或无翅脉，

界：动物界 Animalia

门：节肢动物门 Arthropoda

纲：昆虫纲 Insecta

亚纲：有翅亚纲 Pterygota

总目：外翅总目 Exopterygota

目：缨翅目 Thysanoptera

· 锥尾亚目 Terebrantia

· 管尾亚目 Tubulifera

翅缘扁长，不少种类的翅膀外缘有排列整齐的长细毛，所以称为缨翅目。前胸发达，能活动，中、后胸愈合。尾缺须。足跗节为 1～2 节。

缨翅目昆虫的变态为渐进变态发育，即从若虫发育为成虫要经过一个不食不动的"蛹期"，二龄以前翅芽在体内发育，三龄以后翅芽在体外发育，兼有不完全变态和完全变态的特点。两性生殖为主，有些种类可进行孤雌生殖。多数蓟马是在叶背面叶脉的交叉处化蛹，也有些种类在树皮裂缝、叶柄基部、萼片间、叶鞘间、树皮下、枝条凹陷处及枯枝落叶层等场所化蛹。有些种类甚至吐丝结茧或在土中营造土室化蛹。

缨翅目昆虫的许多种类栖息在林木的树皮与枯枝落叶下，或草丛根际间，取食花粉、植物、菌类的孢子、菌丝体或腐殖质。缨翅目昆虫的不少种类是农业害虫，也有些种类捕食其他蓟马、蚜虫、粉虱、介壳虫、螨类等，成为害虫的天敌。缨翅目昆虫行动敏捷，能飞善跳，多生活在植物花中取食花粉和花蜜，或以植物的嫩梢、叶片及果实为生，是农作物、花卉及林果的害虫。蓟马用刺吸式口器刮破植物表皮，口针插入组织内吸取汁液；还喜取食植物的幼嫩部位，如芽、心叶、嫩梢、花器、幼果等。叶片被害后常留下黄白色斑点或银灰色条纹，叶片卷曲、皱缩甚至全叶枯萎；嫩芽、心叶被害后呈萎缩状且出现丛生现象；瓜果类被害后，除了引起落瓜落果，还使瓜果表皮粗糙，呈黑色或锈褐色疤痕，降低瓜果质量。还有少数种类在危害植物的同时还可传播植物病毒病，如番茄斑萎病及花生黄斑病。

▲ 蓟马

▼ 花蓟马　　　　　　　　　　　　　▼ 蓟马若虫

0.5mm

虱毛目

■ **虱子属于哪个目？**
虱毛目昆虫有什么特点？

　　虱毛目（Phthiraptera）通称虱或虱子，全世界有 500 余种，中国有 75 种。虱寄生于人体、其他哺乳动物（除了单孔目和蝙蝠外）和鸟类的身上。以人类为宿主的虱有三种：头虱、体虱和阴虱（又称耻阴虱）。

　　虱体型较小，无翅，身体扁平，寄生于毛发处，有善于勾住毛发的足（攫握器）。

科学分类

界：动物界 Animalia

门：节肢动物门 Arthropoda

纲：昆虫纲 Insecta

亚纲：有翅亚纲 Pterygota

下纲：新翅下纲 Neoptera

目：虱毛目 Phthiraptera

- 虱亚目 Anoplura
- 象虱亚目 Rhyncophthirina
- 丝角亚目 Ischnocera
- 钝角亚目 Amblycera

◀ 雄性头虱

▼ 像螃蟹般的阴虱

▲ 雄性体虱

　　虱为不完全变态发育。头虱产卵于发根处，以耳后居多，卵为椭圆形，白色，卵孵化后的若虫称为蚋，蚋与虱外形相似，但体型较小，尤其是腹部较成虫短小，若虫蜕皮3次后成为成虫。阴虱卵产于阴毛根部，椭圆形，红褐色或铁锈色；卵孵化后的若虫比成虫小，也以血液为食。

　　虱终生寄生于宿主体表，以宿主血液、毛发、皮屑等为食。寄生于人体的虱主要以宿主血液为食，其若虫每日吸血1次，成虫每日吸血数次。体虱又称衣虱，寄生于人类躯干和四肢，不吸血时隐藏于衣物缝隙褶皱内。阴虱主要寄生于人体阴毛处，也可能寄生于睫毛、腋毛、眉毛、头发及其他体毛浓密处。

捻翅目

■什么是捻翅虫?
捻翅目昆虫有什么特点?

捻翅目（Strepsiptera）昆虫是寄生性昆虫，通称捻翅虫，其宿主是蜜蜂、黄蜂、叶蝉、蠹虫和蟑螂等，是天敌昆虫类群之一。捻翅目昆虫的体形小，雌雄异型。捻翅目昆虫全世界已知种类 400 余种，分布于世界各大动物地理区域。捻翅目昆虫中国记载有 25 种，多为饲养寄主而得，野外很难采到成虫。

界：动物界 Animalia

门：节肢动物门 Arthropoda

纲：昆虫纲 Insecta

目：捻翅目 Strepsiptera

捻翅目昆虫体长 1.3 ~ 4 毫米，雌雄异型。雄性捻翅目昆虫的翅膀、腿、眼和触角与苍蝇类似，但一般无有用的口器。口器中的许多部分成为感觉器官。雄虫复眼发达，无单眼；触角的第 3 节均有 1 旁支向侧面伸出；后胸极大，前翅退化为平衡棒，膜质后翅大。雌虫终生为幼虫状，无足无翅，通常寄生于叶蝉、

▲ 雄性捻翅虫

飞虱等体内且终生不离寄主。雌虫头胸愈合，中央有1个开口；口器只有1对上颚；无眼，无触角。

捻翅目昆虫为全变态发育，雌雄异型。雄虫羽化后不取食，寿命极短（通常不到5个小时），且不进食，飞行寻偶，与寄主体内的雌虫交配。交配方式很有趣，成熟雌虫在寄主体壁咬开一个小洞，将其生殖孔露出与雄虫交配。雌虫在寄主体内产卵，幼虫孵出后钻出寄主体外寻找新寄主。

捻翅目昆虫为寄生性昆虫，原寄生于低等昆虫缨尾目（衣鱼），寄主以膜翅目（蜂、蚁）和同翅目（叶蝉、飞虱）为主，而半翅目（蝽、土蝽）、直翅目（蝼蛄、螽斯）、螳螂目、蜚蠊目及个别双翅目昆虫均可能为其寄主。寄主出现畸形，特别是生殖系统发育不全而不能繁殖，因此能抑制部分害虫的数量而对农林业有益。

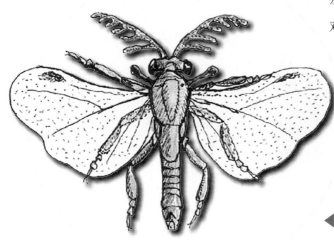

◀ 雄性捻翅虫

成虫食蚜，幼虫树干捉小虫

蛇蛉目

什么是蛇蛉？
蛇蛉目昆虫有什么特点？

　　蛇蛉目（Raphidioptera）通称蛇蛉，全世界已知150余种，中国记载有5种。蛇蛉目若干种类状如骆驼，称骆驼虫（*Inocellia* sp.），主要分布在除澳大利亚以外的温带地区。蛇蛉目仅包含2个科，有单眼，翅痣内有横脉的为蛇蛉科（Raphidiidae）；头部无单眼，翅痣内无横脉的称盲蛇蛉科（Inocelliidae）。

▲ 蛇蛉

科学分类

界：动物界 Animalia

门：节肢动物门 Arthropoda

纲：昆虫纲 Insecta

总目：内翅总目 Endopterygota

目：蛇蛉目 Raphidioptera

▲ 　雌性蛇蛉

　　蛇蛉目昆虫的身体细长，小至中型，多为褐色或黑色。头部延长，后方收缩成三角形，下口式（口器向下，即头部的纵轴和身体的纵轴大致呈直角，这种头部类型就叫下口式）。复眼发达，有单眼3个或没有。咀嚼式口器。触角长丝状。前胸细长如颈，前足位于前胸后端。翅狭长，膜质，翅脉网状，前、后翅相似，有1个翅痣。雌虫有细长的产卵器。腹部为10节，无尾须。雄虫尾端有肛上板和抱握器。

　　蛇蛉目昆虫为完全变态发育。

　　蛇蛉目昆虫的成虫和幼虫均为肉食性，是天敌昆虫，因形状像蛇而得名蛇蛉。成虫取食蚜虫、鳞翅目幼虫等，可见于花、叶片、树干等处。幼虫捕食其他小型软体昆虫，可见于松动的树皮下，尤其是针叶树的树皮下。

 知识链接

肛上板

　　在低等昆虫的成虫，特别是在雌虫的腹部末端第11节有三角形的硬片覆盖于中间部位，此片状物称为肛上板。

脉翅目

■ 什么是蚜狮、蚁狮？
脉翅目昆虫有什么特点？

脉翅目（Neuroptera）通称蛉，在分类上与广翅目、蛇蛉目相近，全世界已知约 5000 种，中国记载约 690 余种。脉翅目绝大多数种类的成虫和幼虫均为肉食性，捕食蚜虫、叶蝉、粉虱、蚧（介壳虫）、鳞翅目的幼虫和卵，以及蚁、螨等，其中不少种类在害虫的生态控制中起着重要作用。

脉翅目昆虫的成虫有 2 对膜状翅膀，前翅和后翅大小接近。头为下口式（口器向下，

科学分类

界：动物界 Animalia

门：节肢动物门 Arthropoda

纲：昆虫纲 Insecta

总目：内翅总目 Endopterygota

目：脉翅目 Neuroptera

亚目

· 广翅亚目 Megaloptera

· 蛇蛉亚目 Planipennia

即头部的纵轴和身体的纵轴大致呈直角，这种头部类型就叫下口式）。触角长，呈丝状，多节。口器为咀嚼式。复眼发达。前胸常短小。两对翅的形状、大小和脉相相似。翅脉密而多，呈网状，在边缘多分叉。脉翅目昆虫少数种类的翅脉少而简单。爪有 2 个。无尾须。幼虫为蛃型，头部具长镰刀状上颚，口器为刺吸式；3 对胸足发达，跗节 1 节。

脉翅目昆虫为完全变态发育。蛹为离蛹，多包在丝质薄茧内。卵为圆球形或长卵形，有的种类有丝状卵柄。化蛹前由肛门抽丝结茧，多从前蛹期在茧内越冬，少数成虫在隐蔽处过冬。

▲　花瓣上的草蛉

▼　草蛉。草蛉幼虫期共 3 龄，可捕食蚜虫、介壳虫、木虱、粉虱、红蜘蛛等，以及多种昆虫的卵和蛾类的幼虫

脉翅目昆虫包括草蛉、蚁蛉、长角蛉、螳蛉、粉蛉、水蛉等，成虫和幼虫大多陆生，均为捕食性，捕食蚜虫、蚂蚁、叶螨、介壳虫等软体昆虫及各种虫卵，对于控制昆虫种群、保持生态平衡具有重要意义。蚁蛉是很柔弱的昆虫，可是它的幼虫异常凶狠，以吃蚁类著称，故名蚁狮。草蛉的幼虫是以吃蚜虫出名的蚜狮。近几十年来，我国和世界上许多其他国家都已将脉翅目昆虫成功地应用于害虫的生物防治。

▲ 长角蛉，常被误认为"变异的蜻蜓"或者"蜻蜓和蝴蝶的杂交种"，是其他飞行昆虫的天敌，幼虫以碎屑伪装自己或藏在树皮下等待猎物

▲ 蚁狮，生活于干燥的地表下，在沙质土中造成漏斗状陷阱，以用来诱捕猎物

◀ 螳蛉，身体纤细，前腿有刺，形似小螳螂，实际上是草蜻蛉的亲缘动物，有类似的娇弱的翅膀，像螳螂一样用前足捕捉猎物，但它们的猎物的个头要小得多

▲ 粉蛉，成虫栖居在果树和林木之间，成虫和幼虫均捕食蚜、螨、蚧和粉虱等

▲ 蚜狮在捕食蚜虫

▼ 水蛉，小型昆虫，生活于水边，喜光，翅长 3 ~ 7 毫米，形似褐蛉，幼虫水生，以淡水海绵及藻类为食

长翅目

什么是蝎蛉？
长翅目昆虫有什么特点？

长翅目（Mecoptera）是蝎蛉类昆虫的总称，通称蝎蛉，数量少而不常见，约有1000种，分布全世界，北半球较多，多分布于亚热带和温带，少数产于热带，大多发生在森林、峡谷或植被茂密的地区，但地区性很强，甚至在同一山上，也因海拔高度的不同而种类各异。长翅目中国已知130种。长翅目在昆虫学上的价值主要在于其与双翅目和鳞翅目之间的亲缘关系。

▶ 蝎蛉

科学分类

界：动物界 Animalia

门：节肢动物门 Arthropoda

纲：昆虫纲 Insecta

总目：内翅总目 Endopterygota

目：长翅目 Mecoptera

长翅目昆虫的身体小至中型，细长略侧扁。头部下口式（口器向下，即头部的纵轴和身体的纵轴大致呈直角，这种头部类型就叫下口式），向腹面延伸成宽喙状。复眼发达，有单眼 3 个或没有。触角长丝状，口器咀嚼式。前胸短。通常有 2 对狭长的膜质翅，前、后翅大小、形状和脉相都相似。腹部 10 节，尾须短。足多细长，基节尤长，跗节 5 节。雄虫生殖器像蝎子尾刺，常膨大成球形，并似蝎尾状上举。

长翅目昆虫为全变态发育。卵呈卵圆形，产于土中或地表，单产或聚产。幼虫为毛虫或蛴螬类型（蛴螬是鞘翅目金龟甲总科幼虫的总称），生活在土壤中，在土中化蛹。

长翅目昆虫的成虫、幼虫一般为肉食性或腐食性，捕食节肢动物或软体动物，多取食死亡的软体昆虫，捕食各种昆虫，或取食苔藓类植物。长翅目昆虫的少数种类也取食花蜜、花蕊、果实及苔藓类等。成虫活泼，但飞翔不远，专捕食小虫，在林区特别多，对生态平衡有一定作用。

▲ 蝎蛉头部

▲ 雄性蝎蛉

▶ 雌性蝎蛉

蚤目

■ 跳蚤属于哪个目？
蚤目昆虫有什么特点？

　　蚤目（Siphonaptera）通称跳蚤，全世界已知约 3000 种，中国已知近 600 种。地理分布主要取决于寄主的地理分布，哺乳动物和鸟类等温血动物身上常有蚤类寄生，蚤目昆虫寄生于啮齿目动物（包括松鼠、豪猪和鼠等）的较多。地方性种类广见于南极、北极、温带地区、青藏高原、阿拉伯沙漠及热带雨林，其中有些蚤种已随人畜家禽和家栖鼠类的活动而广布于全世界。

科学分类

界：动物界 Animalia

门：节肢动物门 Arthropoda

纲：昆虫纲 Insecta

亚纲：有翅亚纲 Pterygota

下纲：新翅下纲 Neoptera

总目：外翅总目 Exopterygota

目：蚤目 Siphonaptera

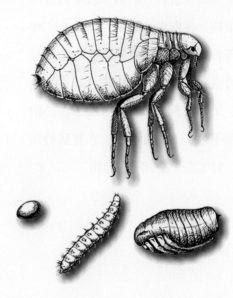

▲ 跳蚤生长发育的四个阶段

蚤目昆虫的成虫体形微小或为小型，体长0.8～6毫米，黄至褐色，长有许多排列规则的鬃毛，借以在动物毛羽间向前行进和避免坠落。无翅，体坚硬侧扁，体表多鬃毛，触角粗短。有刺吸式口器。腹部宽大，有9节。后足为跳跃式，发达、粗壮。幼虫无足呈圆柱形，有咀嚼式口器。

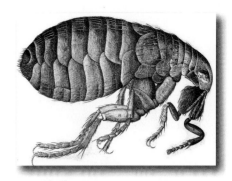

▲ 跳蚤

蚤目昆虫为完全变态发育，经历卵、幼虫、蛹、成虫四个生长阶段。成虫必须嗜血才能进行繁殖。雌虫进食后通常在寄主身上产卵，一次产20枚左右。卵很容易被寄主带到地上，寄主休息和睡眠的地点通常是卵的栖息地和幼虫的发育地。卵的孵化需要2～12天。幼虫破壳而出后，会进食一切有机物，例如昆虫的尸体、排泄物和植物。幼虫没有视觉，躲在阴暗处，比如沙、缝隙、裂缝和床单里。如果有充足的食物，幼虫能在1～2周内化蛹，编织丝状的茧，1～2周后发育完全

▲ 寄生在狗身上的跳蚤

后从茧中出来。跳蚤在幼虫和茧的生长阶段可以持续整个冬季。跳蚤成熟后，就寻找血源，进行繁殖。如果找不到血源，新出茧的跳蚤只能活一周左右。吸血后它们可以不进食2～3年。它们的生命可能只有1年，也可能达到几年。雌虫一生可以产卵5000枚或者更多。

欧洲兔蚤是一种寄主为雌兔的跳蚤，能够探测到兔子血液中的皮质醇、皮质脂酮和激素。由此判断雌兔是否要开始产仔。这也触发了跳蚤的性成熟，它们因而开始产卵。一旦小兔子出生，跳蚤就跑到小兔子身上，然后开始进食、交配并且产卵。12天之后，成虫又跑回母兔身上。每次小兔子出生，跳蚤们都会这样做。

蚤目昆虫雌雄均吸血。成虫能爬善跳，部分种类寄生于人、哺乳动物或鸟类体表，叮咬并吸食血液，常引起寄主烦躁不安，能传播多种疾病，比如鼠疫。人蚤除寄生于人外，在狗身体上尤其多，还寄生于猫等。跳蚤生活的理想温度是21～30℃，理想湿度为70%。幼虫营自由生活，以成虫体液、排泄物或有机物质为食。

思考题

在家养的猫和狗身上你见过跳蚤吗？怎样驱除？

毛翅目

■什么是石蛾？
毛翅目昆虫有什么特点？

　　毛翅目（Trichoptera）于中生代初期三叠纪开始出现，距今约2亿年。毛翅目成虫通称石蛾，幼虫叫石蚕。全世界已知7000多种，中国约有550多种。毛翅目分2～3亚目40个科，重要的科有：长角石蛾科、沼石蛾科、石蛾科。

　　毛翅目昆虫的成虫身体为小型至中型，体长1.5～40毫米，外形似蛾类，身体和翅面有短毛。触角长丝状，一般长过前翅。复眼发达，有单眼1～3个或没有。口器为咀嚼式，但没有咀嚼功能。前胸小，中胸发达。翅狭窄，翅面密布粗细不等的毛，后翅臀区发达。

科学分类

界：动物界 Animalia

门：节肢动物门 Arthropoda

纲：昆虫纲 Insecta

目：毛翅目 Trichoptera

◀ 沼石蛾

▲ 长角石蛾

下颚须，雌虫有 5 节，雄虫有 3 ~ 4 节。腹部纺锤形。足细长，跗节有 5 节。幼虫有胸足 3 对，腹部除有一对有钩的臀足外，无腹足，有的种类有气管鳃。

毛翅目昆虫为完全变态发育。卵块产在水中，外面包覆胶质，附着于石块或水生植物的根部，卵期一般较短。毛翅目昆虫常为一年多代，但也有一年生一代的。幼虫期一般为 6 ~ 7 个龄期。

幼虫石蚕生活在水中，能够吐丝把细沙和草茎做成管状，居于其中，露出头足爬行，或仅吐丝做成锥形网。石蚕取食藻类或蚊、蚋等幼虫。石蚕偏爱较冷而无污染的水域，其生态适应性相对较弱，是较好的显示水流污

▼ 石蛾科幼虫

染程度的指示昆虫。石蛾又是许多鱼类的主要食物来源，在流水生态系统的食物链中占据重要位置。石蛾趋光性强。幼虫是鱼类或其他水生昆虫如龙虱等的食物，幼虫体上有水螨寄生。成虫有时被鸟类或蝙蝠捕食，产卵时易被蜻蜓捕食。

▲　一种石蛾

▼　一种石蛾的卵块　　　　　　　　　　▼　石蛾科成虫

参考文献

[1] 彩万志, 等. 普通昆虫学（第 2 版）[M]. 北京：中国农业大学出版社, 2011.

[2] 陈禄仕, 等. 中国尸食性蝇类 [M]. 贵阳：贵州科技出版社, 2013.

[3] 杜芝兰. 蜜蜂超微结构 [M]. 北京：化学工业出版社, 2011.

[4]（韩）韩国自然观察研究会. 蜻蜓：新法布尔自然观察法 [M]. 赵冬梅译. 广州：广州出版社, 2006.

[5]（韩）韩国自然观察研究会. 金甲虫：新法布尔自然观察法 [M]. 赵冬梅译. 广州：广州出版社, 2006.

[6]（韩）韩国自然观察研究会. 蜜蜂：新法布尔自然观察法 [M]. 赵冬梅译. 广州：广州出版社, 2006.

[7]（韩）韩国自然观察研究会. 蝉：新法布尔自然观察法 [M]. 赵冬梅译. 广州：广州出版社, 2006.

[8]（韩）韩国自然观察研究会. 蟋蟀：新法布尔自然观察法 [M]. 赵冬梅译. 广州：广州出版社, 2006.

[9]（韩）韩国自然观察研究会. 蚂蚁：新法布尔自然观察法 [M]. 赵冬梅译. 广州：广州出版社, 2006.

[10]（韩）韩国自然观察研究会. 螳螂：新法布尔自然观察法 [M]. 赵冬梅译. 广州：广州出版社, 2006.

[11]（韩）韩国自然观察研究会. 蚜虫：新法布尔自然观察法 [M]. 赵冬梅译. 广州：广州出版社, 2006.

[12]（韩）韩国自然观察研究会. 蚱蜢与蝈蝈：新法布尔自然观察法 [M]. 赵冬梅译. 广州：广州出版社, 2006.

[13]（韩）韩国自然观察研究会. 瓢虫：新法布尔自然观察法 [M]. 赵冬梅译. 广州：广州出版社, 2006.

[14]（韩）韩国自然观察研究会. 萤火虫：新法布尔自然观察法 [M]. 赵冬梅译. 广州：广州出版社, 2006.

[15] 韩永植. 昆虫识别图鉴 [M]. 郑州：河南科学技术出版社, 2017.

[16] 赵仲苓. 中国动物志·昆虫科（第三十卷）·鳞翅目·毒蛾科 [M]. 北京：科学出版社, 2003.

[17] 杨星科, 等. 中国动物志·昆虫纲（第三十九卷）·脉翅目·草蛉科 [M]. 北京：科学出版社, 2005.

[18] 乔格侠, 等. 中国动物志·昆虫纲（第四十一卷）·同翅目·斑蚜科 [M]. 北京：科学出版社, 2005.

[19] 袁锋, 等. 中国动物志·昆虫纲（第五十五卷）·鳞翅目·弄蝶科 [M]. 北京：科学出版社, 2015.

[20] 乔格侠, 等. 中国动物志·昆虫纲（第六十卷）·半翅目·扁蚜科和平翅蚜科 [M]. 北京：科学出版社, 2017.

[21] 任国栋, 等. 中国动物志·昆虫纲（第六十三卷）·鞘翅目·拟步甲科（一）[M]. 北京：科学出版社, 2016.

[22] 杨茂发, 等. 中国动物志·昆虫纲（第六十七卷）·半翅目·叶蝉科（二）大叶蝉亚科 [M]. 北京：科学出版社, 2017.

[23]吴厚永,等.中国动物志·昆虫纲（第六十八卷）·蚤目（第二版:全两卷）[M].北京:科学出版社,
2007.

[24]王心丽,等.中国动物志·昆虫纲（第六十八卷）·脉翅目·蚁蛉总科[M].北京:科学出版社,
2018.

[25]胡胜昌,等.青藏高原瓢虫[M].郑州:河南科学技术出版社,2013.

[26]盛茂领.中国林木蛀虫天敌姬蜂[M].北京:科学出版社,2010.

[27]石进.长江中下游地区常见森林昆虫与蜘蛛[M].哈尔滨:东北林业大学出版社,2008.

[28]苏松坤.蜜蜂的神奇世界[M].北京:科学出版社,2018.

[29]隋敬之,等.中国习见蜻蜓[M].北京:农业出版社,1986.

[30]田立新,等.昆虫分类学的原理和方法[M].南京:江苏科学技术出版社,1989.

[31]王天齐.中国螳螂目分类概要[M].上海:上海科学技术文献出版社,1993.

[32]武春生,等.中国蝶类识别手册[M].北京:科学出版社,2007.

[33]萧刚柔.中国森林昆虫[M].北京:中国林业出版社,1992.

[34]忻介六.昆虫形态分类学[M].上海:复旦大学出版社,1985.

[35]杨定,等.中国蜂虻科志[M].北京:中国农业大学出版社,2012.

[36]张巍巍,等.中国昆虫生态大图鉴[M].重庆:重庆大学出版社,2011.

[37]赵梅君,等.多彩的昆虫世界:中国600种昆虫生态图鉴[M].上海:上海科学普及出版社,2005.

[38]中国农业百科全书总编辑委员会昆虫卷编辑委员会.中国农业百科全书（昆虫卷）[M].北京:中国农
业出版社,1996.

[39]周尧.中国蝶类志（上,下）[M].郑州:河南科学技术出版社,1994.

本书图片来源:Negative Space, Startup Stock Photos, Unsplash, Wikimedia Commons,
DesignerPics.com, Pixabay, Pxhere, dukecz.deviantart.com, Pixnio.